Silvia Szymanski
Chemische Reinigung

Zu diesem Buch

Kennt irgend jemand Merkstein, dieses Provinzkaff an der holländischen Grenze? Und möchte etwa einer da leben? Manche müssen es aber, wie Silvia. Sie jobbt in einer chemischen Reinigung, langweilt sich zwischen gebügelten Hemden und ausgeleierten Hosen und träumt vom Durchbruch als Leadsängerin der »Schweine«. In ihrer Freizeit hängt sie im Jugendtreff »Saftladen« herum, umgeben von Männern, die vor allem Sex, Saufen und Fußball im Kopf haben, und verliebt sich halbherzig mal in den einen und mal in den anderen. »Silvia Szymanski gelingt es, kleinen Alltäglichkeiten durch treffsichere Metaphorik und beinahe naives Tasten nach dem richtigen ›Sound‹ einen fast glamourösen oder auch sanft komischen Auftritt zu verschaffen.« (Die Welt)

Silvia Szymanski, geboren 1958 in Merkstein, lebt heute in einem kleinen Dorf in der Nähe von Aachen. Sie ist Sängerin der Band »Tortuga Jazz«. Nach ihrem vielbeachteten Debütroman »Chemische Reinigung« (1998) folgten ihr erotischer Erzählungsband »Kein Sex mit Mike« (1999) sowie die Romane »Agnes Sobierajski« (2000) und »652 km nach Berlin« (2002).

Silvia Szymanski
Chemische Reinigung

Roman

Piper München Zürich

Von Silvia Szymanski liegen in der Serie Piper außerdem vor:
Kein Sex mit Mike (3269)
Agnes Sobierajski (3403)

Ungekürzte Taschenbuchausgabe
Piper Verlag GmbH, München
Juni 2002
© 2001 Hoffmann und Campe Verlag, Hamburg
Erstausgabe: Reclam Verlag, Leipzig 1998
Umschlag/Bildredaktion: Büro Hamburg
Isabel Bünermann, Julia Martinez, Charlotte Wippermann
Foto Umschlagvorderseite: Getty Images/Stone
Foto Umschlagrückseite: Isolde Ohlbaum
Satz: Document 2000, Satzstudio Annett Jost, Leipzig
Druck und Bindung: Clausen & Bosse, Leck
Printed in Germany   ISBN 3-492-23559-X

www.piper.de

1

Ich habe einen Film mit John Wayne gesehen.
Anfangs war er ein Arschloch, doch je mehr er litt, um so netter wurde er. Schließlich ließ er sich ohne Gegenwehr von einer Frau schlagen, weil er wußte, daß er es verdient hatte.
Wie er zu Anfang des Filmes war, erinnerte er mich an meinen Schlagzeuger, ich meine: an den Schlagzeuger der Band, in der ich gnädigerweise singen darf, weil ich sie gegründet habe. Sie heißt »Die Schweine« und spielt Punkversionen deutscher Schlager und Schlagerversionen englischer Punksongs.
Der Schlagzeuger heißt Hartmut. Er hat noch nicht genug gelitten. Unser Bassist heißt Sascha. Die Gitarristen: Rolf und Kurt.
Kurt ist mein Freund, mit dem ich zusammen wohne.
Wir leben in Merkstein, einem Nest bei Aachen, nahe der holländischen Grenze. In Häusern, die die Zeche für die Arbeiter gebaut hat. Die Grube ist stillgelegt. Die Zechengebäude sehen verfallen aus, staubgrau, wie im Traum.
In einem alten Verwaltungsgebäude hat sich die Dorfjugend den »Saftladen« eingerichtet. Bier, Leute, Musik.
Es ist 1980, und ich bin 22. Ich arbeite in einer chemischen Reinigung. Preisschildchen an Kleider heften.

Meine Chefin versteht mich nicht.
»Was sind Sie für ein Mädchen?« schimpft sie. »Wo sind Sie mit Ihren Gedanken? Sie müssen mir doch sagen können, ob der Herr Weber die Abrechnung schon gemacht hat oder nicht!«
Aber so etwas mitzukriegen ist mir so unmöglich, wie sie es niemals erfahren darf.

Ich verstehe meine Chefin, und sie tut mir leid. Nicht nur, weil sie Angestellte wie mich hat. Auch wegen sich. Sich wird sie nicht los. Ich mich zwar auch nicht, aber wir einander allerdings wohl, wenn wir uns nicht gut zusammenreißen.
Sie ist voller Unruhe.
»Machen Sie was aus Ihrem Leben!« sagt sie zu der Frau von der Tierhandlung nebenan. »Verreisen Sie! Das kann Ihnen nachher keiner wegnehmen! Wer schenkt UNS denn was? Wir kriegen nichts geschenkt! Reiten Ihre Mädchen noch? Ja? Das ist gut für die jungen Leute. Da kommen sie nicht auf schlechte Gedanken. Da kommen sie erst gar nicht in Berührung mit Hasch, weil sie so beschäftigt sind. Der Kleine von meiner Marianne fängt jetzt an zu laufen. Da denke ich oft: WAS wird, wenn die Kinder größer werden! Da hab ich manchmal richtige Angst. Deshalb sage ich meiner Marianne immer: Du mußt darauf achten, daß er immer beschäftigt ist! Ne? Daß der erst gar nicht daran denkt, mal was zu nehmen.«

So ein Wahn. Zu glauben, man könne sich oder andere retten durch Beschäftigtsein und Beschäftigen. Aber nach dieser Philosophie lebt sie tatsächlich, sie redet das nicht nur daher. Sie ist aber nicht glücklich.
Und ich?
»Glücklich« darf ich eigentlich gar nicht sagen. Es klingt naiv. Es bestätigt die, die finden, daß ich schreibe wie eine sechzehnjährige Gymnasiastin. Und das nicht wohlwollend meinen! Ich bin kein Fußballer, kein Arbeiter, kein Mann. Nichts, das vor meinen Freunden etwas gilt. Und doch schon 22. Das vermutet keiner. Keiner hier versteht mich richtig und begreift, was ich will.

Katharina, genannt Kätchen, gerufen und angeschrien Kätchen, ist meine Kollegin, und so alt wie ich. Aber sie ist völlig anders ausgefallen als ich, obwohl man uns auf ganz ähnliche Art hergestellt hat. Sie hat ungenaue, mollige Konturen und ein Kartoffelgesicht. Sie ist geistig ein-

geschränkt und schuftet in der Reinigung für fast umsonst. Sie muß aber dankbar sein, daß sie sie überhaupt beschäftigen, damit sie nicht auf schlechte Gedanken kommt.
Sie sagt: »Ej, Silvia, ich mach jetzt eine Diät!« und zählt mir auf, was sie innerhalb dieser Diät gestern alles gegessen hat, es nimmt gar kein Ende.
»... aber nach dem Abendbrot hab ich dann gar nichts mehr gegessen. Nur noch eine Tafel Schokolade, aber das macht nichts, das war keine richtige. Das war so eine, weißt du, so zärtlich, so bitterlich.«
Sie erzählt mir eine wirre, traurige Geschichte von Bernhard Brink, dem Schlagersänger, der sie auf die Bühne geholt hat, damit sie mit ihm sang, und von einem Typen, der sie in sein Auto geholt hat, damit sie ihm einen bläst. Aber sie kann es nicht richtig erzählen, es geht alles durcheinander. Es ergibt keinen Sinn. Alles stößt ihr zu, sie nimmt es hin. Sie wird ausgenutzt, das nennt man Leben. Es ist nichts anderes als ein Chaos. Sie lacht mich freundlich an.

Auch ich möchte einem meiner Stars mal so nah sein. Aber ich möchte nicht aus Scheiß geküßt werden, vor Leuten, damit die lachen.

Es ist ein dunkler Winterabend in Merkstein. Schneeflocken in kümmerlichen Weihnachtsbeleuchtungen. Kinder mit bunten Sachen und Schlitten auf den elektrisch angestrahlten Rasenanlagen. Die heiße Milch, die ich getrunken hatte, machte mich warm, als hätte ich einen Pelz an. Ich fand alles plötzlich so schön, daß ich mir in die Hand beißen mußte. Ich hörte Eno.
Das ist eigentlich keine Musik. Auf der Platte ist im Grunde nichts drauf. Sie ist so still und zurückhaltend, daß man sie kaum bemerkt. Ich vergesse schon mal, daß sie läuft, und gehe aus dem Haus, ohne den Plattenspieler auszumachen. Wenn ich nicht zu Hause bin, habe ich manchmal Sehnsucht nach ihr. Obwohl sie wahrscheinlich doch nichts ist. Ich habe keinen sicheren Geschmack.

Das schöne Lametta an meinem Weihnachtsbaum. Die Vögel auf der blauen Tapete.
Ich briet auf dem Kohleofen Leber und hörte dabei »Music for Airports«. Kurt schlief unter seiner himmelblauen Decke.
Das aktuellste Kultobjekt meines unsicheren Geschmacks ist Bob Fripp. Ich fand ihn interessant, als ich noch nie seine Musik gehört hatte. In einem Zeitungsbericht redete er verwickelte Sätze. Ich mag das. Ich habe sein Gesicht gezeichnet, und noch mal. Dann hatte ich mich an ihm festgezeichnet und kriegte Herzklopfen, wenn ich seinen Namen hörte oder sagte, und Kurt wurde ironisch, wie er ist, wenn er eifersüchtig ist.
Meine Fixierungen sind mir peinlich. Sie scheinen mir zufällig, ohne Rechtfertigung. Wie Anstellerei. Kultur kommt mir da recht. Liebe zu Schallplatten, flatterhaft und unverbindlich. Wie billig dann ein Junge sein kann, wie erschwinglich: 5 Mark als Single, 9 als EP, 16,90 als Langspielplatte.
Allein in meinem Zimmer, bin ich froh, diese billigen willigen Jungen um mich zu haben.

Was für eine Hektik meine Chefin verbreitet! Das Papier zerknüllt sich von selbst, und die Ladentheke gerät in Unordnung, wenn sie sie nur anschaut. Alle Kleiderbügel schaukeln, wenn sie an ihnen vorbeigeht. Ihr Kleid schlenkert, ihre Frisur zerwühlt sich, der BH verrutscht, nur dadurch, daß sie atmet. Sie kann keine Kugel richtig an den Weihnachtsbaum hängen. Sie kann nicht zuschauen, wie jemand malt oder stickt. Laufen muß sie. Zum Friseur, zur Sauna, zum Kaufhaus, nach Hause, telefonieren, schnell was kochen, schnell was essen. Nicht einschlafen. Sich wälzen. Tabletten nehmen. Zwischendurch fällt ein böses Wort ab, oder ein liebes. Für mich oder die Kunden. Man darf nichts davon besonders beachten; es ist ihr nur zufällig hingefallen.
Sie ist in 55 Jahren zu einer persönlichen Lebenseinstellung gekommen. Ich akzeptiere das.

Aber ich setze mich doch auf das verbotene Schränkchen, wenn sie nicht da ist. Angeblich wird eines Tages davon sein Türchen abbrechen. Aber ich bin in meiner Erziehung schon zu oft mit solchen Drohungen verarscht worden. Es wirkt nicht mehr.
Ich lese auf dem Schränkchen. »Liebesromane« sage ich, weil jeder fragt, und jeder ist zufrieden.
In Wirklichkeit geht es um zertrampelte Gesichter, zermatschte Eingeweide, schmelzende Augäpfel.

*

Der Heilige Abend ist wieder mal warm wie Pipi.
Die Menschen schwitzen in ihren dicken Mänteln und knöpfen sie nicht zu, so daß sie ein unordentliches Bild abgeben. Die Regale mit den Weihnachtsschnützereien sind durchwühlt und beinah leer.
Die Verkäuferinnen im Kaufhaus grüßen mich freundlich, wenn ich einkaufen gehe, weil sie mich aus der Reinigung kennen. Aber während ich in den Grabbelkisten wühle, gucken sie auf meine alten, ungeputzten Schuhe und die fettigen Haare, und ich falle innerlich gegen die Sachen, und die Haarnadeln fallen mir vom Kopf, meine Geldbörse löst sich auf, und ich verliere alles.
Joe, ein Junkie, den ich kenne, schlurft an mir vorbei, und ich hoffe, er wird mich nicht sehen und grüßen. Ich habe nichts gegen ihn; es ist nur so, daß mir das Gegrüßtwerden manchmal zuviel ist. Strammstehen, lächeln, sich in einen Small talk verwickeln lassen müssen. Es ist, als würde man wie ein Insekt aufgepiekt. Ich tu das den andern selbst meistens nicht an. Ich will sie nicht aus ihrem Traum reißen, und mich auch nicht. Aber sie fassen das als Unfreundlichkeit von mir auf.
Joe geht aber an mir vorbei. Wie eine Möglichkeit, die sich nicht verwirklicht. Im Tibetischen Totenbuch stellen sie es auch so dar, wenn ich es richtig verstehe. Sie finden es ideal, wenn man alles so an sich vorübergehen läßt,

oder eins wird durch das andere aufgehoben. Alle Konten mit 0,0 abschließen, und dann Abflug und im Licht verglühen wie eine Motte.
In Merkstein jedoch wird man gnadenlos mit allem verwoben und darin eingesperrt.
Joe ging seiner Drogennase nach an mir vorbei, aber als ich aus dem Kaufhaus rauskam, traf ich auf Charly und seinen Freund und mußte für mich gradestehen.
In Charly bin ich mal sehr verliebt gewesen. Jetzt ginge das nicht mehr. Wir haben uns mal nackt ausgezogen und miteinander ins Bett gelegt. Aber das ergab keinen Sinn, und wir haben nicht weitergemacht.
Viele Sachen im Leben laufen so, finde ich. Fangen an, laufen schief, werden schwach, bleiben dahingestellt. Jahre später ist einem das egal. Es ist halt nicht so, wie ich mir das als Kind vorgestellt habe. Es wurde immer zuviel Reklame für das Leben gemacht.
Ungeschickterweise blieben wir beim Begrüßen stehen und verpflichteten uns so, mehr als nur »hallo« zu sagen.
»Na, was machst du denn?« fiel Charlys Freund ein, und Charly sagte, er wäre fast an mir vorbeigelaufen, ohne mich zu sehen.
»Einkaufen«, sagte ich.
Wir guckten aneinander vorbei, in die Schaufenster.
»Wir waren auch grade einkaufen«, sagte Charly. »Und Schlüssel nachmachen lassen.«
»Bei dem Schlüsseldienst da hinten?« fragte ich. »Da war ich auch mal. Mit einem von den Junkies, die über mir wohnen.«
»Ach, dem Bernie?«
»Ja.«
Die beiden wollten zum »Aufwiedersehen« ansetzen, aber leider merkte ich das zu spät und sagte: »Die Junkies verlieren oft ihre Schlüssel.«
»Ja, ja, die Junkies«, pflichtete Charly mir bei. Er ist selber fast einer.

Ich fand dieses Gespräch schrecklich. Ich redete mir zu: Nur das mühsame Mißglücken eines Small talks. Du solltest dich deshalb nicht zerfleischen. Aber ich tue es.
Ich habe selten das sichere Gefühl, mich richtig zu verhalten. Es sei denn, ich bin betrunken, aber dann kommen die Zweifel nachher und fressen mich auf. Das Leben unter den anderen Menschen da draußen ist für mich oft ein Eiertanz, ein Spießrutenlauf. Sie scheinen so sicher zu gehen, auf Eiern, trotz Spießen. Sie kennen ihre Plätze, haben ihren Rhythmus.
Ich suche immer noch meine Klasse, nachts im Traum. Obwohl die Schule für mich vorbei ist und ich weggehen könnte. Aber wohin.
Naja. In dieser Welt jedenfalls hatte ich mir vorgenommen, noch zu Kochs zu gehen und mir die Ohrringe zu kaufen, die da im Schaufenster lagen, für mein Bühnenoutfit.
Bis ich wissen würde, was ich wirklich möchte, weiß ich doch nichts, als weiter mitzuspielen. Halbherzig, aber hitzig. Komische Kombination. Ich würde mich auch nicht verstehen können.
Ich glaube nicht an »the show must go on«. Aber meistens verhalte ich mich doch, als glaubte ich daran.

»Na, Silvia, was machst du denn noch so?«
Ich hatte diesen Satz schon über meinem Kopf in der Luft hängen gespürt, seit ich in Kochs' Drogerie reingekommen war. Ich wußte, daß er auf mich fallen würde. Frau Kochs wollte eine Antwort darauf von mir, zum Weitererzählen. Ich fing aus Verlegenheit an, wirklich zu sagen, was ich mache. Also Reinigung, aber eigentlich Musik in einer Punkband, aber auch schreiben, und überlegen, ob ich doch studieren soll, und was. Eins klang wie eine Entschuldigung für das andere.
Birgit Kochs war meine beste Freundin gewesen, von 13 bis 16. Ich durfte manchmal bei ihr in Merkstein übernachten. Ich wohnte damals bei meinen Eltern auf dem Dorf, und Merkstein war für mich eine Stadt. Ein Frem-

der würde lachen, wenn er Merkstein sähe, doch es war für mich eine Großstadt, als ich noch ein Kind war.
Autos waren wahnsinnig laut, und Betrunkene schrien, wie ich es noch nie gehört hatte. Das Zimmer war irgendwie mit dunkelrotem Samt ausgeschlagen, und nachts hatte ich Angst vor Gestalten. Es war mir peinlich, daß alle in der Wohnung mitkriegten, daß ich aufs Klo ging und Pipi machte, und wie oft. Morgens saßen Herr und Frau Kochs in Morgenmänteln am Frühstückstisch. So etwas hatte ich noch nie gesehen, in Morgenmänteln! Es gab Strammen Max. Dann sind wir zwei Stunden mit dem Mercedes gefahren, und dann mußte ich kotzen.
Frau Kochs sagte: »Oje, du Arme. Wir halten da hinten an der Brücke an. Da ist ein Geländer.«
Ich verstand, daß sie meinte, ich solle auf das Geländer kotzen. Ich fand das seltsam, tat das aber brav. Ich kannte mich ja nicht aus in der großen Welt. Ich selber hätte es sinnvoller gefunden, von der Brücke runter zu kotzen. Aber wenn sie es so haben wollte.
Sie lachte sich kringelig, und ich begriff. Ich fand das Lachen nett von ihr. Ich habe die Szene überlebt. Aber ich finde das Leben sehr, sehr anstrengend.

»Musik machst du?« fragte Frau Kochs. »Du singst? Das ist aber eine schöne Sache. Schön, wenn man dazu Talent hat.«
Ich nickte, und beeilte mich mit dem Bezahlen. Ich kann mir nicht vorstellen, daß Erwachsene wie Frau Kochs jemanden wie mich akzeptieren könnten, es sei denn, ich machte ihnen etwas vor. Ich fühlte mich wie kriegsversehrt, als ich wieder auf die Straße trat.
Stimmt, ich singe. Und es wäre wunderschön, wenn ich dazu Talent hätte. Aber ich kann überhaupt nicht singen. Ich merke das immer wieder. Die andern in der Band auch. Aber sie spielen weiter, als wenn sie es nicht hören würden. Einfach immer weitermachen, als wäre alles in Ordnung. Dann wird es vielleicht, irgendwann, all das, was man wünscht, was es wäre?
Als ich in unsere Wohnung kam, war Kurt schon besoffen

und briet Reibeplätzchen. Ich ging in mein Zimmer und konfrontierte mich weiter mit meiner Unfähigkeit, indem ich auf meiner Gitarre übte. Ich reiße oft aus Versehen dabei Saiten kaputt. Nicht, weil ich aggressiv bin, eher aus Krampf. Ich nehme jeden trivialen Kack, den ich mache, unangemessen wichtig. Ich weiß nicht, wie ich darauf komme, all diese Dinge mit so viel Bedeutung zu belasten, die ihnen nicht zusteht. Wenn ich eine Platte gekauft habe, von der es heißt, sie sei sehr gut, und ich höre sie zu Hause und finde sie gar nicht so gut, dann könnte ich weinen vor Enttäuschung.
Markus, der Bruder unseres Schlagzeugers Hartmut, merkt das, und ich mag ihn dafür, daß er es nicht lächerlich findet.
Er sagt: »Das mit eurer Musik, und deinen Texten, das ist doch nicht einfach nur Spaß!«
Es ist wirklich überhaupt nicht Spaß. Aber ich will das nicht allen zeigen. Die machen sich doch hier über alle lustig, die es ernst meinen.

*

Ich bin traurig aus zwei Gründen: weil alles hier so langweilig ist und weil ich nicht weiß, wie ich mich ausdrücken soll. Musik kann helfen, Menschen nicht so. Menschen sind zu normal. Trotzdem sind sie komplizierte Persönlichkeiten, die alle denken, sie wären anders als die anderen »Idioten«.
Ich habe große Sehnsucht, wenn ich innehalte. Ich erschrecke vor mir in diesen Pausen, über die Unmäßigkeit, die in mir ist. Und mache schnell wieder den Deckel zu über meinem wuchernden Unterbewußtsein. Denn wohin käme ich sonst? Das geht doch alles gar nicht.

Ich sitze mit Achim, meinem Bruder, und Kurt, meinem Freund, im »Normal« in Aachen. Das »Normal« ist eine Szene-Kneipe, und alle Mädchen hier sehen waviger und moderner aus als ich. Sie sind hübsche, energische

Frauen. Sie spielen Kicker und Flipper, geschickt und anmutig, und Jungen schwärmen sie an. Ich fühle mich ungeschlachten und schlampig. Ich will mich verstecken oder bewundert werden. Beides ist nicht drin.
Diese Mädchen tragen die richtigen Sachen, die ich in Merkstein nirgends finde, und wenn doch: mir scheint alles das Geld nicht wert zu sein, auch wenn ich es haben will. Als wir bei unserem ersten Auftritt ankamen, hielten die Veranstalter und die Leute alle Mädchen für die Sängerin der »Schweine«, nur mich nicht. Sie suchten nach der Sängerin, von der Kurt angeberisch in unserem Info geschrieben hatte, sie sehe toll aus.
Dabei habe ich grade mal so ein Aussehen, das Jungen bestenfalls »natürlich« nennen und das Mädchen dazu inspiriert, mir Schmink- und Haartips zu geben.
Man hört jetzt experimentelle, kühle Untergangsmusik. Düster, mysteriös, mit Synthesizern. Man trägt die Haare rechts kurz, links lang. Oder ganz kurz und scharf. Dürre Jungen tun oder sind grellig und nervös. Sie springen zu der Musik plötzlich steil in die Höhe und üben sich in spastisch zackigem Tanzen.
Die Wände sind gekachelt. Von der Decke hängen Lampen wie beige Tropfen. Punks gähnen in Plastikstühlen. Sie haben sich ihre Lieblingsbands auf die Lederjacken geschrieben, manche auch »fucking world« und »I want to be dead«. Neben uns fällt ein betrunkener Äthiopier fast vom Hocker. Schreit, daß er Reggae hören will. Fragt uns, wieviel Uhr es ist, und versteht die Antwort nicht. Ich bin so müde, daß alles schwimmt. Ich trinke, ohne betrunken zu werden.
Da kommt Charly, mit Carla, und einem langhaarigen Mädchen, Inga. Inga ist die Freundin von Norbert, dem älteren Bruder unseres Bassisten Sascha. Oje. Falls sich jemand die Namen in diesem Buch nicht alle merken kann, es wäre kein Wunder. Ich wäre nicht böse. Ich kann mir auch nicht gut Namen merken. Sobald jemand seinen Namen nennt, höre ich weg, unwillentlich, aber automatisch. Keine Namen, Baby. Es sind sowieso größten-

teils Pseudonyme. Schon weil die Personen stark von sich selber abweichen und mit anderen verfließen. Wie in Büchern also auch auf Erden.
Meinen Namen und den meines Bruders habe ich beibehalten; wir sind ungewiß und relativ, daran haben wir uns schon gewöhnt.
Charly zieht seine neuen Visitenkarten hervor, auf denen »Cosmic Charly« steht, und gibt jedem eine.
Es ginge nicht mehr mit ihm. Es ging auch damals schon nicht wirklich. Aber er kommt immer noch an bei den anderen Frauen. Er gefällt sogar den wavigen Mädchen hier, obwohl sein Typ eigentlich aus der Mode gekommen ist. Lässig an Pfeilern lehnen, einen abgeklärten, freakigen Checker-Touch kultivieren. 70er Jahre und David Bowie. Die Mädchen finden diese flippige Altmodischkeit eher faszinierend als rückständig. Old blue eye. Er schaut ihnen tief in die Augen. Ohne Glut, nur schauspielerisch. Ich würde mich nach einem solchen Blick ein bißchen für ihn schämen, wenn ich noch in ihn verliebt wäre. Aber ich würde versuchen, trotzdem weiter in ihn verliebt zu bleiben. Ihn zu verstehen. Die Hintergründe seiner Schauspielerei. Die Traurigkeit in seinem Innern.
Ich habe diesen Hang zum »Liebesfähigkeit erweitern/kultivieren«. Viele Jungen finden das an Mädchen peinlich, wenn sie beobachten, wie es ausgenutzt wird, von den Idioten, also den anderen Männern. Auf sich gerichtet, finden sie diese weibliche Art Verständnis selbstverständlich.
Diese langen Blicke. Nachdenklich mit der Locke eines anderen spielen. Es ist nicht echt, was Charly da macht. Charly sagt, er weiß, daß er ein Hippie ist. Aber das käme vielleicht auch mal wieder in Mode. Er sagt, er habe sein Auto kaputtgefahren, weil ihm das zu dem Zeitpunkt richtig erschien. Es war eine Erfahrung, die er machen mußte. Er sei ein Mensch, der in seinem Leben jede Erfahrung selbst machen müsse. Andere brauchten das vielleicht nicht, aber ihm reiche die Phantasie nicht. Er

würde auch gern so einen Laden wie das »Normal« in Merkstein aufmachen. Die Schwierigkeit wäre nur, daß er nicht wüßte, in welchem Stil er den einrichten solle. Ich sage, die Schwierigkeit sähe ich eher darin, überhaupt das Startkapital aufzutreiben. Ja, klar, sagt er, aber darüber wolle er jetzt nicht reden oder nachdenken. Sondern darüber, wie es in dem Laden aussehen sollte.
Mir tut das schon wieder leid, daß ich das mit dem Startkapital so aggressiv gesagt habe. Realismus. Materialismus. Ausgerechnet ich. Aber er nimmt es mir nicht übel. Nett von ihm.
Da kommt Norbert.
So heißt auch ein Lied der »Schweine«: Da kommt Norbert. Die Cover-Version von »There goes Norman« von den Undertones. Mein deutscher Text dazu geht tatsächlich über Norbert. Er ist der ältere Bruder von Sascha, der bei uns Baß spielt. (So was kann man wahrscheinlich gar nicht oft genug sagen.) Norberts Haar ist strahlend gold gefärbt. Jeden Tag kommt er mit etwas Ultra-Neuem an. Er sagt, er findet die »Fehlfarben« toll. Aber wenn du ihm am nächsten Tag sagst, du hättest dir die Platte jetzt auch gekauft und fändest sie auch gut, findet er sie schon wieder nicht mehr so gut. So wechselt er auch Mädchen. Norbert erzählt, daß er wegen seinem Pimmel beim Arzt war, weil er dachte, er wäre geschlechtskrank. Aber der Arzt sagte, das wäre nur die Überanstrengung.
Ich habe diese Dinge in meinem Text über ihn verwertet. Dann kam Norbert zu einer Probe von uns, um das Lied zu hören. Da ich nicht viel Stimmvolumen habe, hätte er den Text nicht verstanden, aber dann fiel ihm das Textheft in die Hände, und er wurde blaß und unsicher. Er wußte nicht, ob er gute Miene machen oder verletzt sein sollte. Ich weiß eigentlich auch nicht, ob der Text allgemein nur lustig sein sollte oder aggressiv, gegen ihn gerichtet. Jedenfalls tat mir nachher alles leid.
Wenn er auch wenig später über die »Talking Heads« herzog, die er gestern noch liebte.

Norbert und Inga strahlen arglos und kriegen nichts mit. Wie die Eloy in dem Film »Die Zeitmaschine«. Hell, leer, strahlend wie Atom. Wie Kälber vom Mond.
Inga hat sich unter dem Einfluß ihres in Aachen wohnenden hippen Bruders eine fleischwurstfarbene Lederjacke gekauft, 300 Mark. 5 Tage chemische Reinigung. Nichts auf der Welt ist diesen Preis wert.
Charly schenkt Norbert eine Punk-Sonnenbrille. Norbert strahlt und macht vor Freude ein paar zackige Tanzschritte. Er sieht ein bißchen aus wie Sting von »The Police«, freut sich darüber und profitiert davon.
Er holt sich zwei Bier von der Theke, wovon er eins seiner Freundin Inga stolz entgegenhält.
»Ist das für mich?« fragt Inga erschrocken. Norbert nickt wild.
»Aber ich will überhaupt kein Bier trinken!« ruft Inga verzweifelt. »Warum hast du mich nicht vorher gefragt?«
»Hättest du nein gesagt?« fragt Norbert, freundlich und erstaunt.
Inga sagt nichts mehr und hat nur lange Haare vor ihrem hübschen, zuen Gesicht.
Ich will das alles eigentlich nicht sehen. Es nicht erleben. Wenigstens nicht mit Meinungen und Gefühlen darauf reagieren. Ich will ganz etwas anderes. Mit meinem Körper, meiner Seele.
»Dann räum doch mal deine Wohnung auf!« würde Mama sagen. Mach deine Eß-Schale sauber, wenn du die Erleuchtung willst, sagte ein Zen-Meister. Aber hatte er recht? Nicht mal Zen denkt, es sei das Wahre.
Wie kommt Ruhe in einen Menschen? Durch den Mund.
Es wird Zeit für Kurt, seine ärztlich verordneten Tranquilizer zu nehmen.
»Hej, zeig mal!« ruft Carla. »Ej, die kenn ich. Die sind downend, ne?«
Charly liest die Liste mit der chemischen Zusammensetzung. »Sind die downend?«
»Ja«, sagt Kurt. »Die hat mir ein Arzt verschrieben, weil ich immer so nervös bin.«

»Ja, aber warum stört dich das denn?« ruft Carla aus. »Das ist doch toll!«
Ich will wirklich weg. Ich glaube, ich will wirklich zu Gott. Aber ich habe es nicht verdient, nicht wahr? Ist es das? Ich kann nicht behaupten, daß ich die Geschichten in der Bibel wirklich verdaut und ihrer Logik nach verstanden hätte. Nach dem Sündenfall wurden die Menschen und ihre Nachkommen zum Arbeiten und Kinderkriegen verdonnert: das nennt man »Erbsünde«, nicht wahr? Aber das ist doch das, wovon Jesus die Leute durch seinen Tod am Kreuz erlöst hat, oder? Wieso muß ich dann noch arbeiten gehen? Wieso muß ich immer noch Angst haben, schwanger zu werden?
Wieso muß ich morgen doch wieder in die chemische Reinigung und von meiner Chefin ausgeschimpft werden, weil ich am Freitag pünktlich Feierabend gemacht habe, obwohl sich die Arbeit noch türmte?
Hat Jesus noch nicht genug gelitten?
Für alle und alle Zeiten?
Naja, anscheinend war es dafür dann doch ein bißchen wenig. Er hatte sich vertan; »ein für allemal« funktionierte nicht.
Meine schizophrene Tante sollte mal, da wo sie in Stellung war, Schuhe putzen. Sie hatte zwei Seelen in einer Brust, wie ich. Ich glaube in der linken. In der rechten saß ihr Herz, verkehrtrum, mit der Spitze nach oben. Sie war immer sauer, daß sie arbeiten mußte. Okay, okay, sie tat es ja, aber dann warf sie ihren Chefs die Schuhe mit Gepolter vor die Füße, und sagte:
»Dä! Eure Schuhe hab ich geputzt! Und die Heilige Jungfrau Maria hat mir dabei geholfen!«
Da haben sie sie weggebracht. Endlich weg. Von dort, von überall. Heim ins Heim, zum Schluß. Sie lebt nicht mehr.

Aber ihre Rebellion gegen Arbeit hat sie mir vererbt, und ihren religiösen Wahnsinn auch.
Und Schweißfüße. Ich riech sie bis hier rauf. Dabei wa-

sche ich sie mir wirklich oft und schmier sogar Lavendelöl drunter, Mama.
Einem Mädchen steht solch ein Körperfehler noch schlechter als einem Jungen, bei dem eine gewisse Dreckigkeit ja nicht so stört, manche nicht, mich aber wohl, manchmal auch nicht. Kommt auf den Jungen an.
Gebt dem Kätchen bessere Gummiabzieher und echtes ATA! Ich fühle mich jetzt doch ein bißchen betrunken.
Am Ende wollten sie noch alle, daß wir sie in unserem, das heißt: Mamas Auto zum »UKW« fahren. Sechs Leute im Opel Kadett, das war meinem Bruder Achim zuviel, wegen der Polizei. Sie waren etwas beleidigt, und das Gespräch wurde spärlich.
Da sind wir gefahren, aber nicht deshalb.

*

Am nächsten Morgen hatte ich Kopfschmerzen und mich erkältet. Ich ging zum Arzt, und er schrieb mich für drei Tage krank, bis Samstag.
Ich fand mich krank, und er fand das anscheinend auch, aber meine Chefin fand das überhaupt nicht! Sie war schwer beleidigt.
»Ach Silvia, da rufen Sie ja an«, wogte mir ihre Wut aus dem Hörer entgegen. »Hören Sie mal, so geht das aber nicht! Ich hab das schon dem Herrn Weber gesagt: Warte nur, wie das gehen wird, das kann ich dir gleich sagen: Die geht jetzt zum Arzt, und der schreibt die bis Ende der Woche krank. Das ist ja heute so. Und dann läßt sie sich das womöglich nächste Woche noch um zwei Tage verlängern. Silvia, das müssen Sie doch zugeben, daß das nicht drin ist. Ich mein, da kann ja bei dem Wetter jeder zum Arzt gehen, da ist jeder krank. Wir stehen hier auch mit Tempotaschentüchern, und dem Kätchen hab ich gestern noch 'nen Grog gemacht, weil dem Mädchen die Nase so lief. Das ist eine Erkältung, da nimmt man Tabletten, und nach zwei Stunden ist man soweit, daß man wieder arbeiten kann. Wenn das 'ne fiebrige wäre,

daß Sie im Bett liegen müssen! Aber wenn Sie heute zum Arzt gehen konnten, dann können Sie sich auch die paar Stunden in die Reinigung stellen. Da stand ich heute den ganzen Vormittag mit meinem hohen Blutdruck, das ist nicht leicht für mich, wo ich mich doch sowieso nächste Woche ins Krankenhaus legen muß. Ne, also ich mein, wenn da ein bißchen Interesse am Betrieb ist, dann bleibt man vielleicht mal einen Tag weg, und dann geht es auch schon wieder. Das hat's hier noch nie gegeben, da können Sie jeden fragen, daß man sich wegen 'ner Erkältung so anstellt. Also, was haben Sie denn jetzt vor, Silvia?«
Ich dachte nur: du blöde alte Fotze, du. Aber nachher wußte ich selbst nicht mehr, ob ich krank war oder nicht. Morgen wieder zur Arbeit gehen kann ich jedenfalls jetzt nicht mehr, selbst wenn es mir dann wieder besser sein sollte. Dann wäre sie zwar zufrieden, aber dem dicken Herrn Weber, ihrem Freund, würde sie sagen: »Siehst du, man muß sie härter anpacken, dann sind sie auf einmal nicht mehr krank.«
Der Krankenschein gibt mir das Gefühl wieder, daß mein Leben nicht meiner Chefin gehört.

*

Die Chefin war eisig und stumm, als ich am Montag dann wieder zur Arbeit kam.
Nun pfeift der Wind durch die Straßen und drückt immer wieder die gläserne Schwingtür zum Laden auf.
Es schneit, dann regnet es den Schnee weg, dann schneit es wieder. Meine Chefin steht am Fenster, in ihren vielen, übereinandergeschichteten Wollgewändern. Sie schaut hinaus und seufzt. Sie hätte gern, daß ich sie nach ihren Krankheiten frage.
Ich verweigere es ihr sadistisch.
Manchmal grüßt sie jemanden, der draußen vorbeigeht, manchmal geht sie zwischen den Kleiderständern herum und kontrolliert ein bißchen. Sie langweilt sich. Es gibt

nichts zu tun. Nichts zu verdienen. Nur Angestellte zu bezahlen, die nichts zu tun haben.
Sie hat duftige, rote Locken, die sie locker toupiert und hochtürmt. Sie hat hohe Stiefel und mehrere beutelartige teure Ledertaschen, alle unheimlich günstig in einem Schlußverkauf gekauft. Sie segelt wie ein aufgetakeltes Schiff durch die Kaufhäuser, ständig in Gefahr, aus der Form zu geraten und irgend etwas zu verlieren von all den Hüllen, Pelzen, Häuten, die sie auf hohen Absätzen balancieren muß. Sie hat ständig Angst um ihre Sachen. Sie hat mehr, als sie beherrschen kann.
Die Busse bleiben im Schnee stecken auf den Straßen vor der Reinigung und können nicht weiter. Alle Fahrgäste müssen aussteigen. Polizisten regeln den Verkehr. Hinter den Bussen stauen sich die PKWs. Die Fahrer steigen aus, und lassen ihre Autos mitten auf der Straße stehen.
»Da machen wir nichts dran«, seufzt meine Chefin. »Da stecken wir nicht drin.«

Da hinten hängt Charlys Pullover. Immer wenn ich Charly sehe, fragt er mich nach ihm, und immer, wenn ich den Pullover sehe, fragt er mich nach Charly. Zwei Mahnpfosten des schlechten Gewissens, und ich stehe dazwischen wie ein Torwart und versuche, die Bälle zu halten. Ich sollte den Pullover für Charly umsonst in der Reinigung mitlaufen lassen, und nun hängt er da, aus irgendeinem Grund vom Reiniger separat da hingehängt, und ich kann nicht ran, weil das auffiele. Was soll ich Charly sagen? Ich werde mich zwingen, die Wahrheit zu sagen. Manchmal denke ich, das ist keine Moral, sondern Ratlosigkeit.

Am Samstag hat Sabine Achim zweimal angerufen und wollte sich mit ihm verabreden, aber Achim will sich nicht verpflichten lassen, weil er nicht verliebt genug ist. Kurt kann das nicht verstehen. Er findet Sabine süß. Das ist sie wirklich. Sie ist erst 15 oder 16 und sehr zart. Als wir durch Aachen spazierengingen, um dem Sound-Check zu entgehen, fischte sie nach meiner Hand und hielt sie die ganze Zeit fest. Beim Abschied küßte und drückte sie mich. Sie fuhr mit meinem Bruder nach Hause, den sie mag, »weil er so gut sprechen kann«. Als sie neben ihm saß, klopfte sie auf seinen Armen und Beinen den Rhythmus aus dem Radio mit, sachte und natürlich, wie ein Kind.

Aber ich war froh, daß wir sie letzte Woche nicht mitgenommen haben zum »Normal«. Es war eine Schonzeit für mich, die erst mal mit der Eifersucht auf junge Mädchen fertig werden muß. Anders als Kurt, hatte ich ja noch kaum Gelegenheit, meine eigene Eifersucht bekämpfen zu müssen. Auch sonst verkrampfe ich mich schnell im Umgang mit Sabine, weil sie so lieblich ist, daß ich es nicht wage, mich zu geben, wie ich bin. Ich bin so grob. Ich fühle mich entspannter unter meinesgleichen. In der Hölle, haha.

*

Die Zeit zieht und zieht sich. Wir begeben uns weit unter unser Niveau, um sie totzuschlagen. Wir schalten uns zurück und nageln die Kunden an der Theke fest. Wir verwickeln alles in triviale Gespräche. Jede Kleinigkeit wird besprochen, beäugt und befummelt.

Eine Frau bringt eine Reklamation.

»Dieser Fleck«, sagt Weber zu der Kundin, »war schon vorher drin.«

»Das kann doch nicht sein«, sagt sie. »Die Hose war nur angestaubt, als ich sie zu Ihnen brachte. Woher kommt denn jetzt dieser Fleck?«

»Der war schon vorher drin. Man sah ihn nur nicht«, sagt Weber. »Manchmal sind Flecken im Gewebe versteckt und kommen erst durch die Reinigung zum Vorschein.«

Weber ist der Freund meiner Chefin, sehr dick. Er bewegt sich wie auf Rollen. Nie findet er, was er sucht. Ich kann ihm nicht helfen. Jeden Morgen läßt er sich von Kätchen die Bildzeitung holen. Dann legt er seinen schweren Bauch auf die Theke, und liest die ganze Zeitung. Sogar

das Kreuzworträtsel löst er. Er hat behaarte Hände und schöne, glitzernde Augen.
Wie mag das aussehen, wenn sie es miteinander machen? Chef und Chefin aufeinander. Seine haarigen Hoden unter dem dicken, harten Bauch, und auf der anderen Seite sein Hintern, aus dem er auch AA macht ... ist doch wahr, macht man doch. Und sie so in ihrem losen Fleisch, und ihrer Haut, mit ihrem seltsam ausgeleierten Mund –.
Ich bin doof. Ist doch egal, wie es aussieht. Die Menschen fühlen etwas dabei, das ist doch gut.
Als ich mit Sex anfing, war Sex ein großes, tiefgründiges Abenteuer für mich. Doch in dieser Phase meines Lebens gibt es unbekannte Gründe, nicht zu sexuell zu sein. Wenn ich Sex gemacht habe, merke ich, daß ich etwas Namenloses, Unbestimmtes will, aber ich muß mich doch eingrenzen. Konzentrieren. Auf eins, einen.
»Du siehst aus, als würdest du gleich zerschmelzen«, sagte Kurt früher eifersüchtig, wenn ich Jungen liebevoll ansah. Ich wollte, suchte einen Eingang, durch ihre Augen. Ich habe meinen Blick jetzt besser unter Kontrolle. Jetzt flippt meine schlechte Laune aus.
Man hätte mich nie in dieses Rennen »Leben« schicken sollen. Ich eier nur so durch die Gegend. Ich finde keine Umlaufbahn. Manchmal sehe ich die Leute im Fernsehn, die es, sich, humorvoll und leicht geregelt kriegen, und werde neidisch. Ich würde auch gern so leicht durch das Leben kugeln, und Jungen würden weich in mir landen und versinken wie in Federn. Aber ohne Bewußtsein. All das ist nur möglich ohne Bewußtsein.
Kurt war gestern betrunken, weil nach dem miserablen Spiel beinah feststeht, daß sie nicht aufsteigen werden. Wenn Jungen betrunken u./o. geil sind, sagen sie manchmal, daß sie einen lieben. Ich glaube es ihnen so halb: weil es dann rauskommt. Weil sie es dann merken. Normalerweise finden sie aber, es bleibt besser unausgesprochen, unausgelebt. Oder vielleicht am besten gar nicht.

*

Ein netter junger Mann holt seine Jacke ab. Er ist Franzose oder Belgier, dem Akzent nach.
Als er geht, schaue ich ihm durch das Fenster nach, und sehe, wie er sich nach mir umdreht.
»Das ist aber ein netter junger Mann, Silvia«, sagt meine Chefin. »So ... so ... daß man meint, den würden nie irgendwelche Probleme belasten, ne?«
»Ja, den Eindruck macht er«, sage ich. »Aber das kann doch unmöglich sein.«
»Ne, kann es auch nicht«, bestätigt meine Chefin.
Wir sind fassungslos, daß er sogar seine Socken in die Reinigung gibt. Mit seinen paar deutschen Wörtern will er die kompliziertesten Sachverhalte ansprechen und gibt nicht auf, und wir müssen raten, was er meint, während er lacht und mit dem Kopf schüttelt.

*

Jeden Tag dieselbe Prozedur. Kätchen erzählt ihre neueste, kaum abgewandelte Version von: was ich schon geputzt habe und was ich noch putzen werde. Gestern kam was im Fernsehn, aber ich kann gar nicht sagen, was. Die Chefin soll doch endlich den Hund abschaffen. Was gibt es denn heute bei euch zu essen.
Die Büglerin sagt ihr Repertoire auf:
»Mann, ist das heute wieder kalt draußen. Haben Sie das Wetter gemacht? Viel zu tun? Gestern war ich mit dem Kind beim Arzt. Ich müßte auch mal wegen mir hin, aber ich habe keine Zeit.«
Kätchen kommt aus dem Waschraum und riecht wie ein gepudertes Baby. Sie hat Erdbeerjoghurt um den Mund geschmiert, und ich muß mir zwanghaft vorstellen, ich müßte ihr den aus den Mundwinkeln oder der Muschi lecken, um meine Demut gegenüber der Menschheit zu beweisen.
Kätchen sagt:
»Ich hab mir drei neue Tischörtse gekauft! Eins mit so ... die blauen da, wo immer im Fernsehn, weißt du?«

»Meinst du die Schlümpfe?«
»Die Schlümpfe? Öh ... ej, boh, guck mal die Frau da hinten, die ist aber dick, ne? Ich bin nicht dick. Hier, fühl mal: (sie kneift ein paar Röllchen zusammen): alles nur Fett, ne? Ich bin nicht dick, ne?«
Da kommt die Chefin vom Arzt. Sie hat rote Bäckchen, und ihre Haare sind durchwuschelt. Sie klingt nicht glaubhaft, als sie sagt:
»Daß ich mich jetzt ins Krankenhaus legen soll, kommt mir aber gar nicht gelegen!«
Tja, aber der Doktor, diiie Kapazität, hat gesagt: Kind! Keinen Zweck, es immer zu verschieben! Leg dich auf meine Privatstation mit den nur sechs Zimmern!
Der Mann ist eine Kanone. Er hat sie von Arbeit und Alltag freigesprochen. Von Sauna und von Danach-zum-Friseur-weil-die-ganze-toupierte-Scheiße-im-Arsch-Ist.
Kätchen meldet sich zurück vom Bildzeitung-zu-der-alten-Frau-über-der-Reinigung-Bringen. Diesmal riecht sie nach Kaffee und hat Kuchenkrümel in den immer nassen Mundwinkeln.
»Na?« fragt sie und legt den Kopf schief und lächelt wie ein Kind. »Gestern war ich spazierengegangen«, erzählt sie.
»Ja?« frage ich. »Ich auch.«
»Du auch?« fragt sie, begeistert, daß wir was gemeinsam haben. »War schön gestern, ne? Spazieren und zurück. Ej, der Uwe, von meiner Schwester das Kind, der ist jetzt drei Jahre! Schönes Alter für ein Kind, ne?«
Sie schaut mir erwartungsvoll in die Augen.
»Gestern war schön im Fernsehn«, sagt sie mir ins Gesicht. »Otkar Wollis. Den Tatort, weißt du? Der Hund auf den Mann los, ej! Und nachher, wo die da alle in der Kirche lagen, mit die Tücher. Das war ALLES mit Tücher! Das war so ... ich kann gar nicht sagen, wie. Schön.«
Kätchens dickes, rosa Gesicht, ich kann es nicht fassen. Diese Erdbeernase, die Puddinghaut, der Speichel in den Mundwinkeln, die gute, blöde Treuherzigkeit. Ein Milch-Engel. Wie können sie den armen Puddingkerl so treiben

und quälen. Wie kann ich so kalt und oberflächlich sein, zu sehen, wie wenig hübsch sie ist.
Kätchen war beim Zahnarzt, und ich bin aus Höflichkeit gezwungen, ihr in den Mund zu gucken, weil sie mir ihre Plomben zeigen will.
Der Reiniger kommt aus der Werkstatt und ruft Kätchen zum Maschine-Ausladen. Er sieht aus wie blasser Käse, das kommt von den Chemikalien. Kätchens dicker Bauch kommt auch von den chemischen Dämpfen, sagt sie, hätte der Arzt gesagt. Der Reiniger ist nicht schön anzugucken. Ihn kotzt alles an. Er ist der Neffe der Chefin und kriegt mal die Firma. Will er die? Darf er was wollen? Schultern hängen, Schnurrbart hängt. Augen sind stumpf. Ein geprügeltes Hundehäufchen Elend. Traurige Suppe tropft von ihm. »Was soll es schon Neues geben?« sagt er am Telefon zu jemandem. »Bei mir ändert sich nicht viel.«
»Hol mich hier raus«, bete ich zu Gott. »Laß das alles nicht wahr sein.«
Gott lächelt wie Mona Lisa, schweigt wie die Sphinx. Macht er nicht schlecht. Hat was. Okay. Mach ich eben noch immer weiter hier.

*

Sascha, unser Bassist, kam mich besuchen.
»Alle Leute sind so normal«, klagte er.
»Ich bin auch normal«, sagte ich. Er soll mich nicht idealisieren.
Alle Leute sind normal, auch wenn man sich einredet, sie wären es nicht. Oder auch nicht. Was ich denke, ist oft noch blöder, als was ich rede.
Sascha ist erst 16. Als ich 12 war, war er 6. So ein Altersunterschied ist doch immer wieder ein Grund zum Staunen. Sascha sieht ein bißchen aus wie Kermit, der grüne Frosch. Er hat drei Freundinnen, von denen er sich gut sichtbare Knutschflecken machen läßt.
Sascha schminkte mir die Augen mit Kajal, weil ich ihn gefragt hatte, wie man das macht. Goldene Staubteilchen tanzten im Sonnenlicht um uns, legten sich auf unsere

Haut und atmeten. In unserem Aquarium schwammen die silbernen und goldenen Fische. Ich bin nicht schuld daran. Kurt fand sie so schön und wollte sie. Sie tun mir leid. Ihre Schönheit ist der Grund, warum man sie einsperrt und verkauft. Da hab ich Glück, das kann mir nicht passieren.
Das holländische Fernsehn lief in der Ecke mit und zeigte uns stumm einen Spielfilm: Jugendszene, Motorräder, Benzin und Sex in Garagen. Leute meinen oft, Motoren hätten mit Sex zu tun, und umgekehrt. Ich habe das so nie sehen können. Einer griff in der Disco einem sitzenden Mädchen zwischen die Beine, da hatte sie sich einen Senftopf dazwischen gestellt. Jetzt machte er die Frittenfrau an, und jetzt schüttete sie ihm Frittenfett übers Hemd.
»Wie war's in München?« fragte ich.
Sascha war da mit der Klasse gewesen.
»Gut!« sagte er und grinste. »In 'ner Disco haben wir uns zu Mädchen gestellt, die Langeweile hatten, und sie gefragt, ob sie Langeweile hätten. Sie haben ja gesagt. Sie kamen mit aufs Zimmer, aber ich war zu breit.«
Ich merkte zu spät, daß Sascha mich küssen wollte, und hatte gerade den Kopf weggedreht, als seine Nase meine fettigen Haare küßte.
Wir mußten sowieso los. Wir hatten uns in der »Futterkrippe« mit den ändern aus der Band verabredet.
Sascha fragte mich, ob ich noch wüßte, wie wir vor einem Jahr schon mal zusammen in der »Futterkrippe« gesessen hatten. Da hatte er unter dem Tisch meine Hand gedrückt. »Setzt du dich gleich wieder neben mich?« fragte er.
Vielleicht gefällt es ihm, daß ich 22 bin und er erst 16. Mir gefällt das auch. Aber es ist schnell vergessen. Es wäre dumm, dem Tugend und Treue zu opfern. Aber es wird bald Frühling. Da braucht es nur eine trotzige, kleine Sehnsucht. Ich tue manchmal nichts gegen verbotene Zärtlichkeiten. Ich sehe manchmal nicht ein, warum, in dem Augenblick. Nachher manchmal doch.

In der »Futterkrippe« sprachen wir mit der Band über die Probleme unseres Gitarristen Rolf mit den Off-Beats. Rolf beteuerte: »... Aber ich übe sie jeden Tag! Eins UND, zwei UND ... alles auf UND machen. Ich träum schon vom UND.«
Bei den Proben wippt er im Takt mit einem Fuß und guckt dem so kopf-fernen Körperteil angestrengt dabei zu. Wenn der Fuß bei UND oben ist, spielt Rolf schnell einen Akkord, und unser Schlagzeuger Hartmut versucht, genau dann keine Betonung zu spielen. Was zu dieser Art Reggae-Rhythmus führt, den wir auch ungefähr beabsichtigt hatten.
Hartmut erzählte, daß er jetzt mit dem Bund fertig ist, und sich ganz in sein Schlagzeugspielen werfen will, für das er nirgends Lob kriegt. Alle Profi-Schlagzeuger der Saftladen-Szene finden, daß er viel zu leise spielt, denn das Schlagzeug muß als lautestes Instrument der Band immer den Gesang der Sängerin übertönen. Nur von mir kriegt Hartmut Lob.
Kalle Brockly, Hartmuts strenger Schlagzeuglehrer und Kurts Freund, saß mit uns am Tisch. Er ist in der »Futterkrippe« Stammgast.
»Junge Frau!« rief er der Kellnerin zu. »Was krieg ich heute?«
»Ein Schnitzel!« lachte sie.
Kalle und sie spielen das Spiel jeden Abend. Zu Kalles täglichem Schnitzel gehört in Abänderung der regulären Speisekarte immer ein Spiegel-Ei. Und ein Augenzwinkern der Kellnerin beim Servieren, das daran erinnert, daß das Ei ein Extra ist, das nicht jeder kriegt.
»Und was kommt auf das Schnitzel drauf?« fragte Kalle.
»Ein Spiegel-Ei!« sagte die Kellnerin fröhlich.
»Und dazu?«
»Eine kleine Fritte.«
»Wunderbar«, rief Kalle. »Sie sehen heute übrigens wieder supersexy aus.«
Die Kellnerin in der »Futterkrippe« ist wirklich immer herausfordernd angezogen. Schwarze Spitzen, feucht glänzende Hosen.

Kalle war jetzt inspiriert von Bier und Bedienung.
»Letzte Woche«, wandte er sich an uns, »war ich in einem geilen französischen Porno. Er hieß ›In den Mund und in die Fotze‹.«
Kalle hielt inne, um die schockierte und belustigte Reaktion einzukassieren, die er beabsichtigt hatte. Er sagt solche Sachen zur Unterhaltung, aber auch, um mich zu provozieren. Er dachte, gleich verbiete ich ihm den Mund und entlarve mich als Zicke, das heißt als Frau, die man schon ihrer komischen Geschlechtsteile wegen aus der Männergesellschaft ausschließen sollte. Die Jungen lachten.
»Wißt ihr, was Natursekt ist?« fuhr Kalle fort.
Wenn man mit Jungen zusammen ist, muß man sich das anhören können. Da muß man selber schon ein hartes Bürschchen werden.
»Ich hab jetzt zwei Videorecorder, damit kann ich mir meine Lieblingsstellen aus den Pornofilmen zusammenschneiden. – Ach, es ist eine Schande«, rief Kalle der armen Kellnerin hinterher, »daß ein junger, hübscher Kerl wie ich sich heute abend wieder selber einen wichsen muß!«
Ich war beschwipst und jeden Gefühls für die Situation entblößt.
»Kalle!« sagte ich furchtbar laut. »Ich könnte dir doch einen runterholen! Wir sind doch Kameraden!«
»Schrei doch nicht so laut!« sagte Kurt. Dem meine Stimme am Mikro nicht laut genug sein kann. Aber das ist auch wirklich etwas anderes. Jetzt schämte er sich für mich. Aber da war es schon passiert.
Kalle sagte dann noch: okay. Aber er ist nie mehr darauf zurückgekommen.

Ich schämte mich noch ein bißchen, gab es dann aber auf, weil ich zu betrunken wurde. Wir wechselten zum »Saftladen«, der in seiner neuen Tarnnetzdekoration schattig, fast romantisch aussah. Zur Zeit der sexuellen Revolution in den frühen 70ern haben hier Pärchen Leib an Leib auf Matratzen und Sofas gelegen und geknutscht. Man konnte

seinen Blick frei über die Menschen schweifen lassen, ohne daß er auf einen senkrechten Rücken oder Bauch prallte. Heute, in den 80ern, steht alles aufrecht und grenzt sich ab. Einer findet den andern doof.
Sascha bahnte sich tastend einen Weg durch die dicht gedrängten »Saftladen«-Mädchen. Die Leute waren in Punk-Stimmung, schüttelten ihre Bierflaschen und spritzten mit ihnen herum. Manche schlitzten die alten Knutsch-Sofapolster auf und warfen die Kunststoffflocken über alle.
Pakistaner aus dem Wohnheim nebenan standen unsicher und ungläubig grinsend an der Wand. Glutvolle Augen, magere Körper. Sie verstanden nicht, in was sie geraten waren. Manche versuchten, zu der Punkmusik zu tanzen, aber ihre Bewegungen waren zappelig und paßten nicht. Sie fanden den plumpen, groben Rhythmus nicht, den man hier unbedingt braucht. Sie hatten Badges an ihren Jacken von Bands.
Kurt fragte sie danach; sie hatten keine Ahnung, was das für Bands waren, für die sie da warben. Sie hatten sich das nur bei den Leuten hier abgeguckt. Ich fand sie sympathisch, und sie taten mir leid, aber ich hatte keine Chance, ihnen das zu zeigen. Sie hielten mein Lächeln für ein Angebot zum Sex. Jemand hatte ihnen was Falsches erzählt. Über das alles hier, den Scheiß.
Dann standen Sascha und ich nebeneinander, und er streichelte mich heimlich. Ich streichelte ihn auch, ohne ihn anzuschauen. Auf einmal merkte ich, daß es ein ganz anderer Junge war, den ich anfaßte und der zufällig neben Sascha stand. Oje. Es war ein bißchen lustig, aber auch sehr peinlich. Wieder ein Junge mehr, der weiß, wie ich bin. Die meisten wissen es nicht. Sonst würden sie geringschätzig über mich spotten, wie über die anderen Mädchen, die so sind, wie ich in Wirklichkeit auch bin.
»Bei wem die schon alles die Zunge im Hals hatte«, sagt Sascha über Ute.
Ausgerechnet er.

*

Ich weiß, daß Frau Berduschek, die Büglerin, gern mit mir reden würde, um sich die Zeit zu vertreiben. Aber ich verkrampf mich dabei immer so. Ich tue also, als wäre ich beschäftigt. Dann tut es mir wieder leid, und ich lese ihr von der Theke aus zur Buße die Schlagzeilen und ihr Horoskop aus der Bildzeitung vor.
Frau Berduschek ist besessen von ihren Kindern.
»Ich bin mal gespannt, was mein Ralf diesmal in Deutsch für eine Note kriegt«, sagt sie. »Mal rechnen: Letztes Mal hatte er eine 5, davor eine 4. Im Mündlichen steht er zwischen 2 und 3. Wird das eine 3 oder 4?«
Sie sieht mich fragend an.
»Also eine 5 im Diktat, dann eine 4, die Arbeit war 4 plus. Die letzte war 2, das ist 9, 13, 15, durch 4: da dürften die ihm eigentlich keine 5 geben. Ne? Ich weiß jetzt wohl nicht, wie die das Mündliche berücksichtigen. Da steht er 4. Aber eine 5 dürfte es trotzdem diesmal nicht werden.«
In Wirklichkeit geht das noch viel länger so.
Letzten Monat quälte sie mich mit der Telefonrechnung. Wir haben gleichzeitig Telefon gekriegt, und sie wollte immer wissen, ob ich schon meine Telefonrechnung hätte. »Ich bin mal gespannt«, sagte sie, »was ich für diesen Monat zahlen muß. Haben Sie Ihre Telefonrechnung schon gekriegt? Da müßte ja eigentlich auch die Grundgebühr mit drauf sein. Und natürlich die für den Monat. Aber ich weiß jetzt nicht, ob die das getrennt abrechnen. Oder ob die das vorher oder nachher abrechnen? Bekannte von uns mußten letzten Monat 200 Mark zahlen. Da waren wohl viele Ferngespräche dabei. Wir führen ja fast nur Ortsgespräche. Na, ich bin mal gespannt!«
Sie grinste, als wäre sie auf alles gefaßt. Jeden Morgen dieses Thema, sie machte mich ganz verrückt damit. Ich warf »Da haben Sie recht« und »Na klar« in jede Lücke, die sie ließ, um einen Punkt zu machen und mit der Quälerei aufzuhören.
Doch das bestätigte sie nur und ermunterte sie weiterzumachen.

*

Das Chefbaby, Enkelkind meiner Chefin, wird hereingerollt. Apathisch und mißtrauisch äugt es herum. Chef und Chefin machen das übliche Affentheater. Das Kind reagiert nie darauf. Es lächelt nicht, knatscht nicht, guckt nicht, wenn man guckmal sagt. Es ist nur zu faul dazu, sagt die Chefin. Es ist auch zu faul zum Gehen. Das kann es immer noch nicht. Es fällt immer um mit seinem Gehlern-Gestell.
»Weil es so kräftig ist!« sagt die Chefin. »Schauen Sie mal, was der für ein breites Kreuz hat!«
Die Chefin ist stolz. »Das ist ein ganz schöner Brocken!«
So ein Chefbaby kann einfach gegen seinen Willen an jeden Ort befördert werden. Das ist normal. Schreien hilft nichts, wenn man keine Macht hat, Baby. Halt die Klappe.
Kätchen, deren Schwester gerade im Krankenhaus liegt, erzählt dazu, jetzt zu Karneval hätten die Säuglingsschwestern allen Babys auf der Station Narrenkäppchen aufgesetzt. Kätchen hat mir auch Karnevalsschlager vorgesungen: »Zipfel rein, Zipfel raus ...« Die Chefin spendierte uns Sekt.
Dann kam ein Kunde, mit drei Hosen. Das weiß ich noch. Aber was danach passiert ist, wer weiß es. Die Frage ist nämlich jetzt: Wo sind die Hosen? Kaum wagt die Chefin, mir die Schuld zu geben. Ich hüte mich zu gestehen, daß ich von meiner Schuld selbst restlos überzeugt bin. Es ist nämlich so: Wenn mir ein Fehler unterläuft, lasse ich ihn weiterlaufen, vielleicht verschwindet er dann. Ich hätte ihn nicht gemacht, wenn ich nicht arbeiten würde. Daß ich zum Arbeiten gezwungen und hier festgehalten werde, bin ich nicht schuld. ICH habe DAS wirklich nicht gewollt. Also. Ich gebe auch den Kunden immer heimlich recht gegen die Chefs. Das ist auch nicht in Ordnung. Was für ein Alptraum bin ich.

*

Konfetti, Konfetti und Geschrei. Ich möchte der Prinz Karneval sein. Die Girlanden, die meine Kolleginnen über den chemischen Reinigungshimmel gehängt haben, machen es schattig wie in einem bunten Wald. Wenn ich mich zu Karneval verkleiden müßte, würde ich als »alles« oder »nichts« gehen. Oder als Wasser, nein, als Menschenpulver, das sich in Wasser vollkommen auflöst oder in einem anderen Element, Feuer, Erde, Luft. Alles andere ist unerträglich.
Gestern war ich mit meiner Mutter zu Karneval aus.
Mama paßt gut in den Karneval. Sie springt gleich los und tanzt in die Kneipen rein, läßt sich Bier spendieren, gibt Küßchen. Mama hopste über die Tanzfläche, ich brav mit. Dann tanzte ich ungeschickt mit Tante Maria, die kleiner ist als ich, fest und rund, als würde man mit einem Medizinball tanzen. Ein Mann sagte zu mir: »Du bist eng gebaut. Das hab ich gern.«
Das war vielleicht nett gemeint, als Kompliment, aber ich konnte nur gequält lächeln. Ich fühlte mich wie eine Holzpuppe. Ich möchte das Spiel nicht verderben, aber ich kann nicht dabei mitmachen.
Ein junger Mann sagte, er wäre der John Travolta von Merkstein.
»Zeig mal«, sagte ich, und er fing sofort an, mit seinem Becken zu zucken und einen Arm in die Luft zu werfen. Ich lachte, aber ich fühlte mich fremd. Tante Maria spendierte mir ein Bier, das ein betrunkener Mann mit seinem Hintern von der Theke fegte, und ein neues kriegte ich nicht von ihm, weil er nichts mehr begriff. Dann wollten alle Männer Küßchen, und ich fuhr nach Hause.
An unserer Straßenecke bereitete der Junge von nebenan eine Knaller-Attacke auf mich vor. 13 Jahre, dicker Kopf. Seine Mutter hörte Heino, in Heavy-Metal-Lautstärke, bei offenem Fenster. In unserem Briefkasten steckten zwei Karten aus Italien. Eine von Markus, Hartmuts Bruder. »Ich fühle mich wie eine Waldfee. Ich will nicht mehr zurück.«
Die zweite war ein Irrläufer, adressiert an jemanden, der

nicht mehr hier wohnt. Die drei letzten Päpste, wie sie über dem Vatikan schweben.
Ja, das sind die Geschichten, die das Leben schreibt hier. Man könnte was draus machen, dennoch. Aber ich nicht.

*

»Mann, ist das ein Wetter heute! Haben Sie das Wetter gemacht?« fragt jeder zweite Kunde, im Glauben, er wäre der einzige, dem diese Redewendung einfällt. Alle Leute benehmen sich ziemlich gleich. Sie tun langweilig. Meine neue Kollegin Frau Müller sagt, eine Frau in ihrem Alter könne keine roten Jersey-Hosen mehr tragen. Sie hat Angst, allein in ein Café zu gehen. Sie sagt, ein kleiner Hitler wäre da gut. Ich sage: »Aber so was dürfen Sie doch nicht sagen!«, und sie fragt: »Wieso?«
Normalerweise höre ich mir Dinge, wie sie sie erzählt, von niemandem an. Sie weiß nicht, daß sie etwas Besonderes ist, wenn ich es über mich ergehen lasse. Dieses Besondere besteht darin, daß ich in meiner Rolle als arbeitendes Junges zu feige bin, einer erwachsenen bürgerlichen Frau mein wahres Ich preiszugeben. Ich erzähle ihnen lauter Lügen: Ich würde sorgfältig überlegen, welchen Studienplatz ich einnehmen möchte, und ließe mir deshalb bewußt mit der Entscheidung so viel Zeit. Jeden Samstag würde ich Hausputz halten. Frau Müller setzt sich jetzt dafür ein, daß ich eine ernsthafte Berufsausbildung beginne, und wenn es nur Verkäuferin ist. Sie erzählt mir, wie schlimm es bei anderen Leuten in der Wohnung aussieht und wie unmöglich die anderen Leute aussehen ... »Und da hab ich auf ihre Hände geguckt, und da hatte sie sooo dicken Dreck unter den Fingernägeln!«
Ich verschränke meine Hände so, daß sie meine Fingernägel nicht sehen kann.
»Und das Klo – wenn ich mich auf dieses Klo setzen müßte, bekäme ich die Gelbsucht!«
Die Büglerin Frau Berduschek weiß dazu eine Geschichte

von Gelbsucht, und von da kommt man auf Krebs, Plastikdärme und Geburten. Frau Berduschek:
»Das dritte Kind, das habe ich so schnell gekriegt, da hatte mein Mann seine Zigarette noch nicht zu Ende geraucht, da war es schon da! Ich sag immer: zum Zahnarzt gehen ist das Schlimmste! Kinder kriegen könnte ich laufend. Aber zum Zahnarzt? Ne! Da bin ich ganz ehrlich drin. Da leg ich mich lieber in den Kreißsaal.«

*

Die Reinigung nervt und nervt. Es ist alles so blöde. Ich kann jetzt alles im Schlaf. Im Schlaf rede ich mit Frau Berduschek und den Kunden und sage immer das Passende, weil ich nur noch Klischees benutze. Wenn sie nicht mit dem Wetter anfangen, gehe ich jetzt so weit, es selbst zu tun. Ich will es auf die Spitze treiben, mal sehn, was dann passiert. Alles ist wie Watte. Ich wache nicht mehr auf. Ich will allen mit den Zähnen das Gesicht zerkratzen und unaussprechlich gemein zu ihnen sein.
Zu Hause versuche ich dennoch zu malen, aber ich kann den Pinsel nicht mehr richtig anfassen, ich meißel dann so drauflos, daß nur Scheiße auf das Papier kommt, reiner Abfall. Ich bin zu gewalttätig, um eine Farbe vernünftig neben die andere zu setzen. Ich kann nur noch Zerstörung. Blöde Reinigung! Ich verkrampf mich immer so. Ich presse meine Faust gegen die Stirn, wie ich es immer in den Filmen gesehen habe. Ausgelutscht und leergelatscht, dummdoof und krank ist mein Tagesablauf. Und morgen dasselbe.

*

Und alle sagen: Heut ist aber ein schöner Tag!
Jou, schöner Tag! Die Sonne scheint laut und brüllt, und die Stadt ist voller Mofas mit geilen Jungen drauf und kreischenden Kindern drunter.
Gestern kam so ein Junge auf Mofa um die Ecke gesaust,

er hatte sich seine Shorts runtergezogen und lächelte stolz über sein steifes Glied, das sich der Sonne entgegenreckte. Er schaute grinsend um sich und erwartete Reaktionen, wenn nicht Applaus. Die Leute schüttelten mit den Köpfen und regten sich auf.
Soll ich das verbotene Schränkchen heute kaputtmachen? Wenn ich mich ganz vorne auf den Rand setze, bricht die Tür vielleicht wirklich ab.
Gestern nacht habe ich von meiner Chefin geträumt. Ihre Stimme klang noch beim Aufwachen in meinen Ohren, laut wie eine Trompete. Sie hatte in einem Geschäft alle Feuerwerkskörper ausprobieren wollen, ob sie es auch tun, bevor sie sie kaufen würde. Sie begriff nicht, wieso sie das nicht durfte und wieso das Unsinn war.
Da kommt sie wieder vom Einkaufen. Ungeschlachten jagt ihr großer Hund um sie herum, dann geht er toben zwischen den frisch gereinigten Sachen und schmiert seinen Geifer dran. Kätchen haßt ihn deshalb, sie muß dem seinen Schleim immer überall wegmachen. Die Chefin will ihn selbst gern wieder verkaufen, aber sie wird ihn nicht los, weil er zu teuer ist, ein schicksalhafter Umstand, gegen den sie machtlos ist.
Chefin: »Wir wollen sicher sein, daß er in ›gute Hände‹ kommt. Aber umsonst abgeben können wir ihn nicht!«
Alle meine Kolleginnen pflichten ihr bei: umsonst geht gar nichts.
Aus der Tasche meiner Chefin quellen teure Tücher. Frisch gekaufte Gegenstände drücken sich durch wie was Obszönes. In Eile gesammelte Dinge für ihr Haus, ihre Tasche und ihren Mund, in dessen Winkeln sich maulendes, ungehaltenes Niezufriedensein kneift. Passend zu Körper und Gesicht, trägt sie eines ihrer weiten Schlabberkleider. Durch den schlecht sitzenden BH hat sie vier Brüste, aber sie ist sich trotzdem ihrer selbst ganz sicher. Ihre tief sitzende Eitelkeit verhindert, daß sie sich als meinesgleichen betrachtet. Und doch ist sie mir nicht unsympathisch. Ein Rätsel. Naja. Wenn ich sogar mich manchmal mögen kann, warum nicht auch sie?

Die Chefin hängt die Kleider, die ich ausgezeichnet habe, hektisch an die Stangen. Ich sehe schon mit einem Auge, daß sie alles falsch einordnet. Als sie fertig ist, findet sie dann auch nichts mehr wieder.
»Silvia«, sagt sie, »da müssen Sie gleich mal gucken. Hier hängt alles durcheinander. Da muß ich mal mit der Frau Müller drüber sprechen, die macht das noch nicht richtig. Die kommt damit noch nicht zurecht.«
Es ist unfaßbar. Das war sie doch grade selbst gewesen. Sie hat das doch selber vor 5 Minuten alles so durcheinandergemacht!

*

Heute versanken wir in wüsten Kleiderhaufen. Die Stangen bogen sich, und die Säcke krachten. Ganz Merkstein läßt seine von Karnevalskotze beschmierten Sachen chemisch reinigen.
Herr Weber stand wuchtig und unbeweglich hinter der Theke und machte keinen Finger krumm. Das tun machthabende Menschen und fühlen sich im Recht, weil andere dazu schweigen. Und doch haben sie nichts davon, muß man sagen. Er hängt ja doch mit drin. Er kann hier so wenig raus wie wir. Er muß uns in unserem Streß beaufsichtigen, hat nichts Vernünftiges zu tun, langweilt sich und fühlt sich als Anhängsel seiner Freundin. Er stände sich meiner Meinung nach, auch was seine Fitness betrifft, besser, wenn er auch mal ein bißchen mit anpacken würde, statt nur da rumzustehen und seine Eier zu schaukeln.
Dann ist die ganze Kleiderstange zusammengebrochen. Alle Klamotten lagen im Staub. Das war mir eine finstere Genugtuung.

*

Der Forsythienstrauß blüht in stiller Pracht in der blauen Vase.
Zwei alte Männer gehen vorbei und reden ganz laut:
»Eine Fistel am Steißbein?«
Dann sind sie weg.

*

2

Wie komisch alles geworden ist in meinem Gefängnis.
Unwichtige Dinge werden sehr groß in ihm.
Ich habe mir ein Kleid gekauft, aber sehr darunter gelitten. Ich konnte nicht einschlafen, weil ich mir Vorwürfe machte: so viel Geld! Alles ist so teuer. Ich habe Angst, noch mal so was zu kaufen, etwas Falsches. Auch meine Schallplatten da hinten: wie viele schlechte darunter sind. Sie haben mein Leben gekostet.
Ich wollte das Kleid verbrennen, um den Kauf ungeschehen zu machen. Ich habe Angst, daß ich schuldig werden könnte an einem Verbrennen von allem. Deshalb kontrolliere ich immer die Herdplatte, ob sie aus ist. Immer wieder.
Gestern hat Rosi, die Frau, die unter mir wohnt, einen Kanister Unkrautvernichter auf die Hecke gespritzt, damit sie sie nicht mehr zu schneiden braucht.
Rosi heizt wie der Teufel. Sie macht unser Wasser in den Leitungen warm, und unsere Wände sind fast heiß. Bald fängt die Tapete an zu brennen, und der Boden bricht zusammen, und ich falle in Rosis Wohnung und muß mein Leben lang Likör trinken und Fernsehgucken.
Rosi hat ihre Toilette mit Teppichboden ausgelegt. Der Deckel ist umhäkelt, das Rohr hinten auch. Alle Wände sind mit Strukturtapeten ausgeschlagen. Über dem Sofa hängt schräg ein kleines Tierfell, zwei gekreuzte Dolche und ein eiserner Morgenstern.
Alles redet von den neuen Mülleimern, die größer sind als die alten, und aus hartem, grauem Plastik. Man darf keine heiße Asche einfüllen, es steht extra drauf, und ich kann lesen, Rosi! Rosi liegt jeden Morgen im Fenster und überwacht den großen, grauen Mülleimer, ob auch keiner heiße Asche einfüllt. Dann geht sie in ihre Küche und

taut Fleisch auf. Für Karl. Sich selbst macht sie eine Astronautenspeise, die sie anrühren muß, weil sie krank ist. Ich würde nicht gerade Rosi sein wollen. Wahrscheinlich wäre sie auch lieber etwas anderes als gerade Rosi. Es ist seltsam, wie die Leute einfach ihr Leben weiterleben, obwohl es ihnen gar nicht gefällt. Das ist aber auch schwer zu ändern.
Meine Wellensittiche tun mir leid. Ich möchte sie fliegen lassen. Aber sie würden nicht zurechtkommen. Man würde sie fressen. Sie tun mir so leid in dem Käfig. Ich tu mir selber leid.
»Du hast es gut!« sagt Rosi. Bloß weil ich auf einer Decke im Gras liege. Dabei heißt das nichts. Man kann auch im Gras von einem Panzer überrollt werden. Oder sich die Adern aufschneiden.

A Forest, The Cure. Rudi, der Junge über mir, spielte es bis nachts um 4. Und schrie dazu und sägte seine Möbel auseinander. Seine Freunde brüllten besoffen von der Straße rauf:
»Rudi, mach auf! Wir wolln was fressen!«
Rudi runter, Türe auf. Freunde rein, Freunde rauf. Laber laber, polter polter. Treppe runter, Haustür zu, alle weg.
6 Uhr morgens. Auf einmal: boller boller gegen die Haustür. Das klingt wie Profis, wie der Tatort, und tatsächlich: Polizei. Die Polizei! Kurt steht im Hemd in der Diele, das Ohr an der Tür. Ich guck raus: drei Streifenwagen! Blaulicht. Straße abgesperrt, MG im Anschlag, dicke Taschenlampen. Polizei rauf zu Rudi, Rudi nicht da. Einer bleibt bei Rosi, wartet auf Rudi.
12 Uhr mittags. Mama grade zu Besuch. Rosi kommt rauf. Rosi: »Kriegt man bei dir nix angeboten? Komm, geh weg mit Kaffee! Willst du mich vergiften? Hab ich schon mit dem Polizisten getrunken heute nacht. Hab ich auch schon von gekotzt, danke schön! Tja, was war da los heute nacht? Das weiß keiner so genau. Also, so viel ich gehört habe, müssen wohl welche den ›Toten Mann‹ überfallen haben heute nacht, den Puff in Frelenberg. Pistole, Geiselnahme,

pipapo. Und die Beschreibung der Täter soll auf Rudi und Konsorten zutreffen. – Rujch! Was ist das? Hört ihr?« Wir horchten. Vertraute Geräusche von Möbelzersägen und lautem Schimpfen über uns. Rudi ist wieder da.
»Ja Scheiße«, sagte Rosi. »Der braucht jetzt auch nicht mehr zu kommen. Erst sagte der Polizist heut nacht, ich soll ihn anrufen, wenn Rudi wiederkommt. Aber dann rief er nochmal an: ›Frau Derichs, Sie brauchen nicht mehr anzurufen. Wir sind uns nicht mehr sicher, daß er's gewesen ist!‹«
»Tja«, sagte meine Mutter. »Aber so ist das! Das ist das Leben. Daran kann man es erkennen, daß es Geschichten schreibt, die sich nicht entwickeln und zu keinem klaren Ende führen. Dem Leben geht einfach nur langsam die Luft aus. Das Leben verpißt sich. Und wir bleiben übrig.«

*

Gestern abend kam ein Auto langsam an mich herangefahren. Der Fahrer kurbelte die Scheibe runter und rief leise: »Komm mal her. Willst du mitfahren? Komm, steig ein.«
Sein Auto war groß und sauber, und seine Augen funkelten. Aber es wäre Selbstmord gewesen, mit einem Triebverbrecher, ich weiß. Man weiß nicht, was der Tod und das Leben sind, und so entscheidet man sich vorsichtshalber für das Gewohnte und Langweilige.
Ich sagte dem Mann ab. Ich schloß meine Wohnung auf, legte mich ins Bett und konnte nicht schlafen. Ich wollte, daß das Telefon klingelte, er wäre am Apparat und würde schwer atmen. Solche Männer sind mutige Männer. Sie haben interessante Phantasien und machen sie wahr. Aber natürlich werden sie abgewiesen.
Im Kühlschrank war noch Schnaps. Ich zog mich nackt aus und ging mit dem Glas in der Hand zum Fenster. Das tu ich immer, wenn ich beschwipst bin. Um mich zu zeigen. Der Mann von gegenüber hat sich schon deshalb bei Ursel, der Frau unter mir, beschwert.

Die ganze Nacht hat draußen eine Kuh gebrüllt, vor Schmerzen, vor Geilheit.
Ach, es ist schwer. Ich weiß, ich ziehe diese Männer an. Ich trage das Mal. Sie sitzen auf den Bänken, an denen ich an warmen Tagen vorbeispaziere, und machen sich die Hosen auf, wenn sie mich sehen. Sie streicheln sich und schauen mich dabei an. Ich tue so, als sähe ich es nicht. Es ist absurd. Achtlos vorbeigehen an Reihen von Männern, die mir mit ihren Erektionen salutieren. Eine Spur von Verachtung und Erotik hinter mir her ziehen. Stolze Zurückhaltung gegenüber dem anderen Geschlecht, mein Ziel und Wille. Ich arbeite daran. Ich quäle mich dafür. In andauernden inneren Kämpfen verhandle ich mit meinem Über-Ich um jeden Kuß, jeden Blick, den ich geben möchte. Um als moralischer Mensch dazu zu stehen. Wenn ich es schließlich doch mache. Aber ich mache es nicht.
Es gab hier in Merkstein mal einen Verbrecher, den sie den »Dieb von Bagdad« nannten. Er kletterte nachts an den Fassaden der Häuser rauf, und brach in die Wohnungen ein, in denen eine Frau allein war. Die Polizei verdächtigte einen Mann aus dem Ausländerheim, aber er war es nicht. Dem »Dieb von Bagdad« war es egal, wie die Frauen aussahen und wie alt sie waren. Er brach einfach überall ein. Er trug dabei eine Eselsmaske. Weil die Polizisten ihn nicht kriegen konnten, sagten sie: Das ist alles Erfindung. Die Frauen sind hysterisch. Aber die Frauen von Merkstein wissen es besser.
Manchmal träume ich von ihm, wenn ich nackt im Fenster liege und Schnaps trinke. Ich erinnere mich an das, was Marianne, meine mütterliche Freundin und Nachfolgerin in der chemischen Reinigung, sagte, als ich meinen Arbeitsplatz verließ, um anderswo mein Glück zu suchen. Sie sagte: »Fürchte dich nicht vor dem Dieb von Bagdad. Fürchte dich vor gar nichts.«
»Ich geb mir selbst 'ne Party, eine einsame Party ...«: »Musik zum Träumen«, WDR 4. Ich sitze beim Schein meiner Wasserlampe. Es ist der Niagara-Fall drauf, glaube

ich. Drauf gemalt, und dahinter bewegt sich was, eine Folie mit Wellen drauf. Je heißer die Birne wird, um so schneller bewegt sie sich, und der Fall schwillt und sprudelt und spritzt, jedoch alles nur innerhalb des Lampenschirms. Es ist alles nur Illusion.
Ich sitze mit meinem Nähzeug in seinem Licht.
»Du verdirbst dir die Augen!« sagt Kurt, aber ich:
»Laß doch. Ist doch romantisch.«
Ich hätte gern dazu ein Schlafzimmer im Kontroll-Look, mit Schaltern und Knöpfen am Bett, um alles, alles zu verstellen. Eine Küche wie Schweinebraten. Alt, deutsch, echt, Eiche. Nein. Ich habe nur Quatsch gemacht.
Aber ich hätte gern, daß jemand mir jetzt einen obszönen Anruf macht. Ich hätte gern fremdartige Ausdrücke, Erregung, Leidenschaft. Vielleicht jemand, den ich vom Sehen her kenne. Vielleicht der Mann, der in der Reinigung immer nach meiner Kollegin Marianne fragte.
»Wo ist denn Ihre Kollegin heute?« fragte er, wenn er seine stark duftenden Arbeitsanzüge auf die Ladentheke legte.
Er gehörte zu der Sorte Kunden, die sich alles selbst raussuchen, aus den aufgehängten Sachen. Das hatte etwas so Freiheitliches.
Nein, ich lüge schon wieder. Kunden haben da nichts zu suchen, zwischen den Stangen. Er war mir egal. –
Ich singe und tanze in meiner Wohnung zu einem Lied, und denke: ich bin allein. Das stimmt doch nicht. Aber ich sage es vor mich hin, und es klingt nicht falsch.
Ich schaue mich im Spiegel an und sage: »Ich bin immer noch schön und begehrenswert«, als wäre ich 50. Ich probiere, ob ich darauf weinen kann, aber es kommt nichts.
Ich richte »Ich liebe dich« auf den und den, in meiner Phantasie, aber es trifft nicht, packt nicht, löst nichts aus in mir. Ich bleibe leer. Es gibt Anfälle, wie Liebe, in mir, aber sie ist etwas anderes, Schlechteres, als was die andern suchen und spüren.
Ich glaube, ich bin wie Madame Bovary, so ähnlich. So sehnsüchtig, unzufrieden. Ich ähnel vielen Frauen.
Im Fernsehn hätte Claudette Colbert heute abend zwei

Männer heiraten können, aber sie entschied sich nur für einen. Er war der netteste Mann in dem Film, aus dem sie nicht rauskonnte. Es endete mit einer Heirat der beiden. Wer das Happy-End nennt, hat wahrscheinlich nicht recht. Warum darf ich nicht leben? Ich will leben. Ich bin unschuldig.
Ich habe Angst, daß ich, wenn ich sterbe, erkenne: Das war alles falsch, und du wußtest es! Warum hast du es dann nicht richtig gemacht? Es darf doch nicht immer so sein, wie alle meinen, daß es sein müßte!
Will ich einen Platz im Leben?
Nein. Alles soll weg sein. Alles soll sich auflösen. Ich möchte ausradiert werden.
Mir soll nie etwas bewußt sein.
Das Telefon klingelt.
»Silvia Szymanski ...«
»Ja, guten Tag, Frau Szymanski, hier ist Robert Schröder von der ›Ariola‹, ist Ihr Mann vielleicht zu sprechen?«
Mein Herz klopft wild.
»Der ist im Moment nicht da, Herr Schröder. Kann ich was ausrichten?«
»Ja, wissen Sie, es geht um die Produktion einer Schallplatte. Wir sind da nämlich interessiert.«
Ich bin sprachlos.
Da sagt die Stimme am Telefon: »Silvia, hast du dich wirklich verarschen lassen?«, und ist Rolf, Gitarre. »Hätt' ich mal weitergemacht«, sagt Rolf.
Wir lachen und legen auf.
Alles ist wie zuvor.
Ich bin ein Loch. Ich bin maßlos, ohne Boden in mir. Ich hoffte immer, das wäre bei allen so, und ich brauchte mich dessen nicht zu schämen. Aber die meisten sind anders. Die meisten möchten, daß das Leben angenehm und leicht sein soll. Vielleicht kommt nach dem Tod erst die richtige Zeit für mich, in der die Toten übereinander herfallen wie Krokodile und sich gegenseitig voller Ernst und Abgrund vergewaltigen. Die ewige Nacht der fickenden Toten in der Hölle.

An solchen Abenden bin ich »gefährdet«, wie Kurt es geringschätzig ausdrückt. Ich schütte dann manchmal noch Bier oder Wein hinein. Alles wird widersprüchlich, hitzig, unklar und unvereinbar mit dem Leben, das möglich ist. Dann werde ich wirklich schlimm. Dann kommt das Gefühl aus allen Löchern, aufdringlich, infantil, unpassend, und drängt mich, Schleim zu verströmen wie eine Nacktschnecke oder eine offene Auster. Ich muß gegen mich kämpfen, damit ich nicht zu viele Gefühle bekomme. Ich muß etwas finden, in das ich mich verwandeln kann.
Am Abend sitze ich im Fenster und schaue Rosi, meiner Nachbarin, zu, wie sie meine Veilchen im Vorgarten mit Unkrautvernichtungsmittel bespritzt. Ich höre die eingeschalteten Fernseher aus den dem Sommerabend geöffneten Fenstern reden. Menschen sind so viele Möglichkeiten angeboren, so viele dienliche Organe angewachsen, warum starren sie in ihren Wohnungen auf Filme, wenn ihr Leben doch so nett ist? Warum sitzen sie mit feuchten Augen, und überwältigender, nagender Sehnsucht abends allein vor dem Fernseher? Sie werden so nie jemanden erreichen, sie haben doch keinen Sender. Warum weinen sie? Ihr Leben ist doch nett. Sie haben es sich doch so ausgesucht. –
Madame Bovary strickt verbissen, wie gejagt, und wirft sich entfesselt Erdnüsse zwischen ihre zitternden Lippen. Sie preßt ihren Mund auf die Fernsehscheibe und muß den Abdruck nachher selber wieder wegwischen. Wie kann sie sich so vergessen? Wie kann sie sich vergessen? Ach, sie ist bloß grundlos nervös. Sie geht sich jetzt im »Saftladen« einen saufen.
Im »Saftladen« ist zum Beispiel gerade Tee-Abend, und sie wollen Madame kein Bier verkaufen, höchstens Wein. Das ist auf dem Mist der »Saftladen«-Mädchen gewachsen, die »auch mal an einem Abend bestimmen wollen!«. Dä: Das kommt dabei heraus. Alles verdreht die Augen. Aber egal. Trink ich eben Wein. Aber weil ich nur mit Bier Erfahrung habe, vertue ich mich dauernd in der Menge und

besaufe mich aus Versehen. Und es läuft nur Hannes Wader und Marius Müller-Westernhagen.
Ein Junge schaut mich die ganze Zeit an. Er ist in einen unbequemen Motorradanzug eingezwängt, aber sein Hemd steht offen, und er fühlt sich nicht wohl. Eigentlich schwitzt er, aber auf der Brust friert er. Alles ist verkehrt. Wie er's auch dreht. Alles ist falsch. Ich habe würgende, fiese Angst. Ich bin verzweifelt. Ich könnte lachen. Wenn ich meine Augen schließe, sehe ich lauter Jungenarme, alles voll nackter Jungenarme. »Soll'n wir?« fragte meine Freundin Babsi ungeduldig. Stimmt, ich hatte gesagt, ich komme mit nach Aachen. Als »moralische Unterstützung«, haha. Sie wollte im Aachener Kaiserkeller einem bestimmten Jungen begegnen, an den sie immer denken mußte. Oder wollte. Mußte und wollte, die alten Feinde, diesmal fest verquickt. Und »immer« ist noch untertrieben.
Im »Kaiserkeller« versuchten die Leute angestrengt, in die Musik zu kommen und sich ihres Tanzstils nicht zu schämen. Freund Alkohol machte Mut und legte seine Pfote über kritische innere Augen.
In Aachen gibt es viel mehr Jungen als Mädchen, nur deshalb wird man so oft angesprochen, aber das merkt man sich natürlich nicht. Ein Junge, den ich kannte, tanzte schwitzend und angespannt strahlend auf mich zu.
»Na, du unsexuelles Wesen?« sagte er. Ich hatte ihm gesagt, das wäre ich. Es war eine Notlüge gewesen. Ein afrikanischer Mann bat mich, meinen Freund, auf den ich mich herausredete, zu fragen, ob ich nicht mit ihm schlafen dürfe. Ich lachte und sagte nein. Babsi schüttelte auch den Kopf, und wir konnten beobachten, wie er es bei der Nächsten versuchte, wieder erfolglos. Ein anderer Junge sagte, Jungen wollten nicht immer Sex von Mädchen, wenn sie sie ansprächen. Wer mich so enttäuscht hätte, daß ich so mißtrauisch wäre. Ob es daran läge, daß er Ausländer sei. Ob wir nicht nach draußen gehen sollten, drin wäre es zu laut zum Reden. Zu wenig Mädchen in Aachen, Diskriminierungen, mir tut das sehr leid. Ich

mag Jungen sehr, aber ich kann doch nicht deshalb –
Babsi half mir nicht. Ihre Augen suchten den Schwarm,
den zufällig zu treffen wir hierhin gefahren waren. »Er ist
noch nicht da«, sagte sie. »Letztes Mal hab ich ihn gefragt,
ob er Tabak hätte. Das war doch schon ganz gut, oder?«
Ein Junge fiel mir auf, weil er mich so seltsam ansah. Ich
kann nicht beschreiben, was in so einem Blick sein kann,
der mir den Boden wegzieht. Es ist für mich der Beweis,
daß Menschen eine Seele haben. Sie wissen nicht, daß man
sie dann sehen kann, und ihr verzweifeltes, unrealistisches Bedürfnis, etwas zu durchdringen, aus sich heraus,
in was hinein. Es ist nicht persönlich gemeint, und es ist
mehr als sexuell. Niemand weiß, was er sich davon verspricht, und niemand bekommt es wirklich bleibend, oder?
Es liegt so nah, die Augen zu schließen, einzuwilligen,
nachzugeben und zuzulassen, daß alles zerstört wird.
Babsi sah den Jungen auch.
»Komm, wir gehen weg von hier«, sagte sie, und wir gingen weiter in den Raum hinein. Der Junge ging uns nach.
»Da ist der fiese Kerl schon wieder«, flüsterte Babsi. Er
war nicht fies.
Der Junge stellte sich hinter uns. Wir beachteten ihn
nicht und unterhielten uns. Da begann er, meine Hüfte
zu streicheln, sehr zaghaft, fast unmerklich. Ich sah mich
nicht um.
Kurt erzählt oft diesen Witz: Eine Frau zu ihrem Mann:
»Ejon, dreh dir mal janz vorsichtig um. Ick gloob, mir
poppt eener.« – Aber in Wirklichkeit sind Zärtlichkeiten
kein Witz, für mich.
Wußte er nicht, daß man sich so nicht verhält? Oder
kümmerte es ihn nicht? Ich fand ihn nett. Ihn. Das. Es
war absurd, zu tun, als merkte ich nichts, wie ein Kaninchen in der Grube. Aber ich wollte nicht, daß dieses
sanfte und erregende Streicheln aufhörte. Es sollte weitergehen, aber als wäre es nicht wahr. Sonst hätte es nicht
weitergehen dürfen.
»Silvia«, flüsterte meine Freundin. »Guck mal nach links,
aber nicht so auffällig. Er ist da. Was soll ich nur tun?«

»Geh ihn noch mal wegen Zigaretten fragen. Los!«
Babs zögerte. Dann gab sie sich einen Ruck und verschwand in seine Richtung.
Babsi hat Angst vor Jungen. Sie ist viel hübscher als ich, jünger und frei, sie könnte alles machen, wozu ich auch zu feige wäre. Ich glaube immer, ihr Mut machen zu sollen. Aber ich schicke sie einem zweifelhaften Schicksal entgegen: Ist es so sicher, daß Jungen sein müssen im Leben eines Mädchens? Und wenn: Ist dann Furcht etwa nicht berechtigt?
Ich wandte mich um und lächelte den Jungen an. Fürchtet euch nicht.
»Du bist sehr schön«, log er ungeschickt. »Wie eine Filmschauspielerin. Hast du einen Freund?«
»Ja, er müßte gleich kommen. Er wollte mich hier abholen.« Wir standen ratlos und schauten uns an. Wir lächelten. Dann küßten wir uns.
»Wo kommst du her?« fragte ich, wegen seines Akzents. Er wollte, daß ich das rate, daher tippte ich insgeheim auf ein Land, das die Leute hier nicht mit Sicherheit aufregend oder sympathisch finden, und nannte ein paar genau andere. Griechenland? Die alten Griechen. Oder Israel, die armen, verfolgten Juden. Oder ein arabisches Emirat, reiche, feine Leute.
»Nein. Ich bin Türke«, sagte er. »Ist das schlimm? Jetzt bist du bestimmt enttäuscht.«
Wir küßten uns lange und drückten uns aneinander an dieser Keller-Mauer, und er streichelte wieder meine Hüfte dabei. Seine Zunge erzählte mir geheime Sachen. Sein Mund war der Eingang in etwas anderes. Ich will nackt mit dir sein. Ich will meine Lider über mir schließen, und hinter den bemalten Vorhängen, hinter den Augen wegsterben. Hilflos ausgestreckte arme Zungen. Stellvertreter Gottes auf Erden. Er tut mir so leid, weil er lebt. Ich nahm seine Zunge in meinen Mund wie ein Kind, das ich beschützen und stillen will. Ich war mal Maulbrüter, bevor es Menschen gab. Wie verstiegen ich bin. Wie schnell ich alles vergesse. Wie bereitwillig. Wie

ein Fisch ins Wasser gleitet. Wenn ich einmal tot bin, werde ich mich an nichts mehr erinnern von all dem hier.
Auf einmal standen Kurt und Kalle in der Tür.
»Da drüben ist mein Freund«, sagte ich.
»Du machst Witze«, sagte der Junge. »Nicht?«
Er hatte Angst.
Adam und Eva findet überall statt, immer noch. »Was wird hier gespielt?« wird man seitdem gefragt, wenn man auf die Schlange gehört hat. »Was soll das?« Als wüßte ich das.
Babsi kam zurück, mit Zigarette.
»Komisch«, murmelte sie. »Komisch.«
»Das hätte ich nicht von dir gedacht«, sagte Kalle mit belegter Stimme. »Denkst du nicht an Kurt?«
Soll ich versuchen, es zu erklären? Will jemand wissen, wie es ist? Oder wollen alle nur schimpfen? Es ist, als müßte alles immer wieder geschehen wie damals. Alle verhalten sich ihrer Rolle entsprechend. Und ich bin die Schuldige in diesem Stück. Aber ich bin froh, daß sie mir die Schuld geben, denn ich möchte nicht, daß der Junge beschimpft wird. Ich bin ihm dankbar für sein Streicheln und Küssen. Es gehört so viel Mut dazu.
Alles war verlegen und beherrschte sich.
»Ich fahr jetzt«, sagte Kurt bleich. »Kommst du mit?«
»Wir fahren jetzt«, sagte ich zu dem Jungen. Er nickte. Gelähmt, und ungläubig, daß er unversehrt davongekommen sein sollte. Und bis ins Mark irritiert von mir. Wie alle. Auch wenn Kurt behauptete: ich hab mir schon so was gedacht. Babsi hat jetzt Angst, so zu werden wie ich, wenn sie noch mal einen Rat bezüglich Jungen von mir abnähme. Eine Schlampe. Schlampi. Wie definiert man das. Wie sublimiert man das.
Ich habe später noch eine Zeitlang Ausschau nach ihm gehalten, wenn wir in Aachen waren.
»Suchst du etwas?« fragte Kurt, als ich mich verstohlen im Kino umsah, statt mich auf die Leinwand zu konzentrieren. Aber das Leben fand, es sei genug.

*

Was im Innern zweier Münder und Menschen geschieht, wenn sie sich küssen, es läßt sich nicht so normen wie so vieles, denn es kann ja nicht anders als im verborgenen geschehen und läßt sich auch nur unzureichend beschreiben. Es ist schön. Nicht böse. Nicht enttäuschend.
Aber für Kurt und die andern wird dadurch vieles in Frage gestellt, denn es ist ein Zeichen für ein schlechtes Mädchen. Auf mein Urteil kann ich mich da nicht verlassen, denn es ist ja das Urteil eines schlechten Mädchens, das da, wo bei andern die Moral sitzt, einfach nichts hat. Kurt las vor, ein Mann suche eine Frau, der er auf der Toilette zugucken dürfe, für 200 Mark. Ich sagte, das täte ich sofort. Kurt: Was hab ich für eine Freundin. Ich würde auch Schwänze lutschen für Geld, wenn es nicht zu häufig wäre, und ich dafür nie mehr zu arbeiten brauchte. Ich würde dadurch nicht »unglücklich« oder »moralisch absinken«. Ich kann gar nicht mehr moralisch absinken. Ich kann gar nicht unglücklich »werden«.

*

Babsis Eltern waren in Urlaub gefahren, und sie bat ihre Freunde, bei ihr zu wohnen. Denn wenn sie allein war, mußte sie sich zwanghaft vorstellen, sie würde im Hause Leichen finden. Es ist rätselhaft, wovor man Angst hat. Leichen tun einem nichts. Sie sind tot. Lebende Leichen gibt es nicht. Die in den Filmen sind in Wirklichkeit Schauspieler. Aber man ist so.
Babsi hatte einen zweifelhaften Tausch gemacht: Leichen gegen Lebende. Es waren lauter Männchen, und sie benahmen sich nicht gut. Sie warfen Kippen in den Ausguß. Sie pinkelten draußen in der Dämmerung an die duftenden Blautannen.
Gegen Abend, wenn meine Widerstandskraft zerrüttet war, besuchte ich sie. Sie waren immer wie kurz vor oder nach dem Schlafen. Sie hatten das Rauschgift für sich entdeckt und waren beeindruckt.
»Hast du schon mal Opium geraucht? Das ist wahnsinnig.

Es ist schöner, als mit einer Frau zu knutschen«, schwärmte Stefan.
»Wir waren letzten Sommer in Jugoslawien«, erzählte Sascha. »Da gab es ein Putzmittel, wenn man daran roch, kriegte man so Halluzinationen von wie in den Büchern von Hermann Hesse.«
Albert hatte noch nicht viel Erfahrung und machte nur sein Gesicht. Er ist jetzt beim Bund.
Sie ließen den Joint herumgehen und rauchten langsam und konzentriert. Sie sagten nicht viel und rechtfertigten das damit, daß sie zu stoned zum Reden wären. Auf ihren Gesichtern entstand ein Lächeln, das bewies, wie sehr sie die reale Welt tatsächlich schon hinter sich gelassen hatten.
Es war langweilig mit ihnen, aber auch ein bißchen sexy. Vielleicht, weil die Atmosphäre um sie so qualvoll steif war. So still stand, und sich nach Action und Erlösung sehnte. Vielleicht auch nur, weil ich pervers bin.
In einer Bodenvase steckte Babsis Osterstrauß. Jeder Junge hatte ein Ei bemalt. Norbert hatte seins so gestylt wie das Cover der ersten Platte der Sex Pistols. Sascha hatte lauter Pimmelchen auf seins gemalt, die lachten. Aber worüber?
Sie hatten die Bilderpornos von Babsis Vater gefunden und verschlangen sie mit sachlichen Gesichtern. Eines der Mädchen darin sah Babsi ähnlich. Die Jungen schütteten sich gegenseitig heimlich Potenzmittel in den Portwein und warteten gespannt, was passieren würde. So ist die Jugend. Nachher sind sie enttäuscht.
Babsi betrachtete die Fotos von fleischwurstfarbenen Männern und fleckig roten Frauen. Neckisch aufgeregte Schulmädchen, verfolgt von bärtigen Biologielehrern. Babsis Vater war Biologielehrer. Ich hatte den Kurs bei ihm intuitiv abgewählt. Wir waren der 1. Jahrgang der reformierten Oberstufe.
Babsi hatte Angst vor wirklichen Jungen und ihrer fordernden Sexualität, aber die papierenen Pornos betrachtete sie unbefangen und neugierig wie ein Kind. Sie

kuschelte sich beim Gucken fröhlich an Norbert, zu dem sie ein »unheimlich schönes« Verhältnis hatte.
Die Eltern von Babsi waren seltsam drauf. Im Wohnzimmer hingen ca. 50 Bilder, alles braungraue Drucke edler phallischer Holzstrukturen. Überall Augen und Messer drauf, um die ganze Welt zu richten. Sie waren alle von ein und demselben Künstler gemacht. Er hatte jedes Bild unterschrieben. Es ging um Afrika, die dritte Welt, wo die deutschen Bischöfe irgendwie drinhängen. Mission! Das war das Wort, das ich gesucht habe: es ging um Mission. Lehrer stehn auf Afrika.
Ich war mal bei einem Lehrer eingeladen, mit anderen aus meinem Kurs. Bongartz. Sport und Französisch.
Zu meinem Schrecken kam ich als erste. Bongartz trug einen wellensittichblauen Trainingsanzug, der sich eng und elektrisch knisternd an seinen Körper quetschte.
»Ah, bonjour, Mademoiselle Silvia, entrez s'il vous plaît! Les autres ne sont pas encore ici ...«
Ich hatte immer gefunden, daß er wie ein Pimmel aussah. Ich meine das nicht abwertend. Ich nehme an, es kam vom vielen Schwimmen, daß sein Körper so vollgummihaft war, so aufgepumpt, so wie ein Stehaufmännchen. Und sein Kopf so rund, und die Haut unter seinem Haar schimmerte so rosig durch und war über seinem Gesicht so glattgespannt – ich konnte mir nicht helfen.
»Soll ich Ihnen einen Drink machen? Einen Cock-tail?«
Ich sagte ja und war froh, daß er das Ding daraufhin hinter seiner Art Küchenbar allein schütteln und mixen ging.
Es war die Zeit der Trimm-dich-fit-Bewegung, nach der Olympiade in München. Überall in seiner Wohnung standen Andenken an seine Reisen nach Afrika, die er als Repräsentant des Deutschen Sportbundes unternommen hatte.
»Ah, Sie betrachten meine Souvenirs!«
Er war plötzlich hinter mir, täuschte mich blitzschnell an und legte mir scherzhaft eine schwere Kette aus Holz um den Hals.

»Savez-vous ce que c'est?« fragte er, in korrektem Französisch, glaube ich. »Wissen Sie, was das ist? Alle Glieder sind aus einem einzigen Stück Holz geschnitzt! Ein Symbol für das Leben. Es ist eine afrikanische Fruchtbarkeitskette.«
Ich sah sie angstvoll an: es waren lauter nackte Männer und Frauen, die an ihren riesigen Geschlechtsteilen aneinanderhingen. Lauter fickende kleine Menschen, alle aneinandergekettet.

»Ich mach uns was zu essen, ja?« sagte Babsi.
»Ich helf dir!« Sascha sprang auf. In der Küche hörte man sie bald mit den Kochtöpfen klappern.
»Ich hau dann ab!« sagte Albert und schaute auf seine Uhr. »Ich muß noch was an meinem Moped machen.«
Er ging schleppend aus dem Zimmer und pratschte die Haustür krachend zu. Jetzt ist er beim Bund.
Stefan streckte seine Beine aus, gähnte und schaute mich ernst an.
»Silvia«, begann er gedehnt, »du bist doch auch eine Frau...« Der gequälte Tonfall war schon nicht verkehrt.
»Vielleicht kannst du dich besser in Babsi hineinversetzen. Den ganzen Tag hat sie sich mit uns diese Pornohefte angeguckt. Ich habe sie beobachtet: es scheint nichts in ihr auszulösen. Kann das jemanden so kalt lassen? Meinst du – hör mal, hast du auch so viel Spucke im Mund?« unterbrach sich Stefan unkonzentriert.
Ich konnte nur nicken. Ich bewunderte Stefan, daß er das zugab. Mir wäre es peinlich. Bin ich doof. Als hätten die anderen keine Spucke im Mund. Wie sollten sie denn dann ihr Essen runterschlucken, das täte doch weh! Ich hatte noch zu wenig darüber nachgedacht.
»Komisch, das ist immer, wenn ich Lust zum Knutschen habe«, fuhr Stefan fort. »Nein, was ich fragen wollte: Meinst du, es könnte einer von uns sie rumkriegen?«
Ich schloß meine Augen für einen Moment und sah alles voll nackter Jungenarme wieder, immer nur die Arme, seltsam. Ich sagte, daß Babsi mir leid tut wegen ihrer

Angst. Und die Jungen lassen sich davon abschrecken, dabei hätte sie bestimmt auch Sehnsucht. Ich mag es, wenn Sachen passieren. Ich fände es toll, wenn es einer mit Babsi versuchen würde.
»Du meinst, der würde ein gutes Werk tun? Was glaubst du, wer von uns es am ehesten schaffen würde?«
Ich finde Stefan hübsch, mit seinen Lippen, die er sich zerbeißt und mit den Zähnen schält.
»Es kommt nicht darauf an, wer«, sagte ich und verweigerte ihm das Kompliment. »Es kommt darauf an, wie. Wann. Nachts. Einer muß in ihr Zimmer kommen und sagen, er könne nicht schlafen, er müsse mit jemandem reden. Sie freut sich, weil sie ins Vertrauen gezogen wird und neugierig ist. Er muß sich zu ihr aufs Bett setzen und sagen, daß er keinen Sinn findet. Daß nur Sex ihn am Selbstmord hindert. Er muß sie fragen, um sie anzuregen, wie in Tests, über Sex. Ob sie Träume hat. Ob sie mal einen Exhibitionisten gesehen hat. Dann muß er sagen:
›Ich bin so geil. Ich hab einen Ständer.‹ Oder ›ein Rohr‹. Und: ›Bist du naß?‹ – das ist männlich. Das wirkt. Dann muß er es tun.«
»Du verarschst mich«, sagte Stefan.
Aber das stimmte nicht. Was mich betrifft, stimmte das nicht.
Ein paar Tage später erzählte mir Babsi, daß sie sich gefreut hätte, weil Stefan ihr so vertrauen würde. Er hätte sie nachts besucht. Sie hätten bis morgens vertraut miteinander geredet. Einfach nur geredet.
Diese feigen Menschen! Sie sind schuld, wenn Geschichten so ausgehen. Ohne Erlösung. Ohne Höhepunkte. Und danach ist alles wie vorher. Babsi geht nicht mit Stefan ins Bett und erzählt mir nicht, wie's war. Statt dessen geht sie mit einem Jungen namens Boris essen, der von diesem Ersatz-Essen schon dicklich ist wie ein Polstersessel, wie ein Plüschball. Titscht nicht auf. Ach, ich Monster, was schreib ich denn da schon wieder? Ich meine das nicht so, hoffe ich. Der Junge ist doch ein Mensch, und wie seh ich denn selber aus? Vielleicht ist er nett, viel-

leicht ist er sogar leidenschaftlich und eigentlich hübsch, vielleicht hat er mehr Gefühl als zum Beispiel Scheiß-Silvia, die Leute beim Leben beobachtet, und sich überlegen fühlt, weil sie tot ist. Sie stinkt. Lebende Leichen. Es gibt sie ja doch.

*

Jens' durch und durch rote Anziehsachen stehen ihm gut. Es ist alles rot, was die Baghwan-Jünger anhaben. Lustig ist das, als wäre mit den Augen was nicht in Ordnung. Aber es ist auch etwas lächerlich, oder? Ich bin mir nicht sicher.
Da sitzen Jens und seine Baghwan-Freunde um den Cafétisch, braungebrannt und konsequent rot. Sie sind freundlich, und der eine sagt: »Ihr müßt unbedingt mal bei uns vorbeikommen. Wir wohnen in einem unheimlich schönen Haus und machen unheimlich schöne Musik.«
Ich bin verlegen, weil ich mir schlauer vorkomme als sie. Jens ist verzweifelt freundlich. Man merkt, daß er sehr auf Menschen achtet, daß sie ihm sehr wichtig sind.
»Was macht deine Nervosität, Kurt?« fragt er.
»Oh, ich war beim Arzt deswegen, jetzt ist sie so gut wie weg. Ich kann sogar wieder saufen!«
»Ja?« zweifelt Jens und drückt Kurt seinen Daumen in den Bauch.
»Au!« sagt Kurt.
»Hat das weh getan?« fragt Jens.
»Du hast mir auf die Rippen gedrückt!«
»Das waren nicht die Rippen. Ich weiß, was ich da mache. Das war die Leber. Wenn das weh getan hat, ist mit der was nicht in Ordnung. Komm doch mal an einem Wochenende vorbei zu unseren Übungen!«
Jens hat blaue Flecken an den Armen und ein blaues Auge.
»Was macht ihr denn da?« fragt Kurt.
»Oh, verschiedenes ... Meditationen ... am besten, du guckst es dir selber mal an.«

»Hör mal, Jens«, sage ich. »Haben deine blauen Flecken damit zu tun?«
Jens wird verlegen. Er tut mir leid, weil ich ihn so was frage. Ich weiß aus der Zeitung, daß die Sanyassins manchmal miteinander rölzen, um angestaute Sachen loszuwerden, und nachher meditieren. Ich habe mir schon gedacht, daß Jens daher sein Veilchen hat. Ich hätte es ihn nicht fragen und ihn bloßstellen brauchen, aber ich war stolz, mein Wissen bestätigt zu kriegen. Sanyassins sein. Ich weiß nicht ...: Macht das Spaß? Nützt es was? Sie sagen: Ja. Sie müssen das besser wissen als ich.
Der Baghwan auf den Medaillons um ihre Hälse hat weiße Haare und hervorquellende Augen. Sein Foto hängt überall in Jens' Zimmer, sogar an der Decke.
Einmal hat Jens Melanie getroffen.
Melanie war nie richtig meine Freundin, aber sie kam mich früher manchmal besuchen. Sie setzte sich, seufzte und sagte erst mal lange nichts.
»Ja«, sagte sie dann, lang, und lachte kurz. »Ja ja.«
Sie kämpfte gegen den Drang, wieder die ganze Zeit von ihren seelischen Problemen zu reden, aber sie war davon besessen und konnte nicht anders. Ich interessiere mich für Probleme, aber es ist unheimlich schwer, welche zu lösen. So war sie auch nie zufrieden mit mir. Ich konnte ihr zwei Stunden aufmerksam zuhören und versuchen, mir was Gutes dazu einfallen zu lassen. Aber wenn ich dann schließlich ausgetrocknet war und sagte: »Solln wir jetzt mal zum ›Saftladen‹ gehen?«, war sie gekränkt, das merkte ich. Ich fragte mich, wie lange sie noch weiter hätte reden wollen. Es wäre eigentlich interessant gewesen, das mal nicht abzubrechen.
Melanie hatte Angst, lesbisch zu sein. Es waren zwei große Berichte über Lesbischsein im Spiegel und Stern erschienen. Sie ließ sich unheimlich leicht durch so etwas beeinflussen; es war krank, und sie litt sehr darunter. Als sie sich bei ihrer neuen Wohngemeinschaft vorstellen ging, öffnete ihr ein Junge die Tür. Er schaute ihr sekun-

denlang intensiv in die Augen und sagte dann wie ein Visionär:
»Ich sehe, du bist ein zutiefst verunsicherter Mensch. Ich sehe keinen Kern in dir. Du bist nicht fertig. Du wirst niemals selbständig sein.«
Melanie glaubte das sofort, und es verunsicherte sie noch mehr.
»Sie sagen, ich soll alles in mir befreien«, sagte Melanie zu mir. »Mein ›männliches Ich‹, meine ›Bisexualität‹. Aber ich spüre das gar nicht in mir. Ich möchte nicht mit einer Frau schlafen.«
»Dann bist du auch nicht lesbisch«, sagte ich.
»Du machst es dir zu einfach, Silvia«, antwortete sie.
»Vielleicht verdränge ich es nur!«
Irgendwann traf sie auf Jens im Kaiserkeller und erzählte auch ihm ihre Geschichte.
»... und jetzt weiß ich nicht, ob ich lesbisch bin oder nicht. Wenn man mich heute abend fragte: im Augenblick habe ich viel mehr Lust, mit einem Jungen zu schlafen. Ich habe oft richtige Angst auszugehen, denn ich weiß: sobald mich einer haben will, kann ich nicht mehr nein sagen. Es ist wie ein Zwang«, sagte sie so ehrlich, wie es ihre Art ist. Ängstlich, etwas zu verdrängen. Jens war froh, daß Melanie es aussprach. Er legte seinen Arm um sie und fragte, ob sie nicht mit ihm nach Hause gehen wolle. Da stieß sie ihn von sich und lief weinend weg.

3

Ich verstehe das. Es ist alles nicht das Richtige. Fraglich. Das Leben ist nicht das Wahre.
Manche sagen: Es ist eine Komödie. Aber an keiner Stelle werden Lacher eingeblendet, damit man weiß, wo es lustig sein soll. So weiß ich nie, welche Haltung ich dazu einnehmen soll. Ironisch und unverschämt sein. Oder Liebe und Verständnis verströmen. Aber ich bin froh, in diesem Strunks dieses verwandelte Tagebuch hier zu haben. Ich kann alles aufschreiben und dann alles wieder streichen. Es ist ein Aufbauschplatz für mittelmäßige Angelegenheiten. Eine Plattform, auf der ich Gefühle hochkochen kann. Ihren Eigengeschmack mit Scheiß kaschieren und sie dann über alles schütten. Ich habe nicht die Ruhe in mir, etwas so darzustellen, wie es vielleicht wirklich ist. Nicht mal, wie ich es tatsächlich sehe. Vielmehr wird hier rumgeschlampt und zwanghaft um das Thema herumgeredet und gefuchtelt. Viele Worte und alles um eigentlich nichts. Und das bin ich.
Vor dem »Saftladen« sitze ich, in einer Fensternische. Ich versuche, den Inhalt der Sturzhelme zu erraten, die auf Maschinen angefahren kommen. Vielleicht ist etwas in ihnen versteckt. Jemand, der mich angeschaut hat. Bevor ich mit Babsi in den Kaiserkeller fuhr. Vor den Küssen des Jungen, den ich nicht mehr wiedersehe. Ich warte, daß das Leben weitergeht. Seinen Schutzhelm abnimmt. Unter der Maske ein Gesicht hat, das ich mögen könnte.
Da hinten kommt Joe. Er ist heroinsüchtig, ein Freund von Charly. Er kaut auf einer offenen Sicherheitsnadel. Meine Schamlippen ziehen sich zusammen, wenn ich das sehe. Sie sind ungefähr das, was bei einem Mann der Sack ist, habe ich gelesen, ungefähr dasselbe Material, die gleiche Entwicklungsgeschichte, bis fast zum Schluß. Diese

Art Haut kräuselt sich unwillkürlich, wenn man irgendwo tief runter guckt oder wenn man sieht, wie jemand achtlos eine Nadel in den Mund nimmt. Dieser Art Haut wird dann mulmig zumute.
Joe ist nicht ich, und er ist mir gleichgültig. Wieso fühle ich statt seiner? Und meine Haut reagiert, als wäre sie seine Mutter, und ruft: »Vorsicht!«?
Joe ist voller Buttons und Badges, und es ist keine Band dabei, die mir gefällt.
»Hi, Silvi«, sagt er. »Was sagst du zu meinem Outfit? Alles, was ich heute anhabe, hab ich irgendwo geklaut. Aber hör mal, Silvi ...: Nenn mich nicht mehr Joe. Von heute an bin ich der ›Schocker‹, ja? Gibst du mir ein Bier aus?«
Joe sieht fast aus wie das Loriot-Männchen. Mit seiner knubbeligen Nase, dem kindlichen und schweren Körper, der unfertig wirkt, wie aus Lehm. Joe erzählt mir, daß er auf einem Drahtseil lebt.
»Aber irgendwie steh ich drauf«, sagt er, mit rauher, auf ›alt‹ getrimmter Stimme.
»Ich fühl mich gut«, sagt der Schocker. »Na ja. Nur, gestern hab ich was gemacht, das war Scheiße.«
»Was denn?«
Joe senkt seine Hardy-Krüger-Stimme:
»Ich hab dem Charly seinen Shit geklaut.«
»Aber das tun Fixer eben«, sage ich. »Sich gegenseitig beklauen. Charly macht das sicher auch, mit anderen.«
»Aber er ist mein Freund, verstehst du?«
Es klingt amerikanisch, wie aus einem Film. Der Schocker bringt seinen Mund nah an mein Ohr. Ich spüre, daß sein Körper warm ist. Er lebt. Seltsam. Ich finde so was seltsam, wenn es mir bewußt wird. Auch daß Menschen bluten, wenn sie verletzt sind. Daß sie sich nach Sex sehnen, bei Berührungen dann stöhnen, daß Sperma aus ihnen spritzt. Daß sie eines Tages sterben. Ich nehme das zu persönlich. Es sind die selbstverständlichsten Sachen der Welt. Nur ich verstehe nichts.
»Silvia«, raunt Joe. »Aber eins an mir ist nicht geklaut,

weißt du was? Diese Muskeln hier. Fühl mal. Die sind von mir.«
Er macht mit dem Oberarm Muskeln. Er krempelt sein T-Shirt über die Schultern, damit ich sie besser sehen kann. Es sind harte, runde, kleine Muskeln, wie aufgepumpte Bälle. Bernie, der Junkie, der früher über uns wohnte, hat mir mal in einer ähnlichen Anwandlung den Anblick seiner Tätowierungen aufgedrängt. Das war ein Schlumpf, ein Anker und ein fliegendes Kranichpaar, das Fickbewegungen machte, wenn Bernie Armbewegungen machte. Bernie war nicht stolz, auf einem Drahtseil zu leben. Er lebte am Boden, kroch zwischen den Beinen der Leute herum, um Pfandflaschen zu sammeln oder die Reste aus ihren stehengelassenen Bierflaschen zu trinken. Ich weiß nicht, wohin man fällt, wenn es heißt: er ist abgestürzt. Ich bin aus Zufall nicht Bernie. Ich gelte als jemand anderes und denke, ich wäre nicht er.
Bernie verlor immer wieder seinen Hausschlüssel. Wenn er und ich dann mit meinem Schlüssel als Vorbild zum Schlüssel-Nachmachdienst gingen, sahen uns die Leute wegen ihm hinterher. Er lief ohne zu gucken über die Kreuzungen. Die Bremsen kreischten, und er grinste. In den Momenten lachte er über den Tod und die Angst davor.
Wer weiß, ob mit Recht.
Er ist jetzt weggezogen, mit seiner Frau. Sie haben immer viel Lärm gemacht, da oben, aber das hat mich nie gestört.

*

Albert schlurft vorbei.
»Ich bin mir nicht sicher«, sagt er und guckt wichtig über die Leute vor dem »Saftladen« hin. »Ich bin mir nicht sicher, ob ein Krieg der Menschheit nützen oder schaden würde. Ich bin mir nicht sicher, ob die KZs damals nicht auch ihre Berechtigung hatten.«
»Albert!«

»Was willst du? Ich habe nicht gesagt, daß es so ist. Ich habe gesagt: Ich bin mir nicht sicher.«
Er ist jetzt beim Bund.
»Ich steh nicht dahinter«, sagt er und windet verlegen den Kopf im Kragen. »Das ist doch wohl klar, daß ich das für einen Witz halte. Manchmal, wenn ich die sehe da beim Bund, kann ich mir ein Grinsen nicht verkneifen. Aber jetzt noch verweigern? Nö. Wenn ich einmal da bin, mach ich das auch zu Ende.«
Er wirkt, als wollte er noch was sagen. Er hat das Gefühl, es fehlt noch was, aber es fällt ihm nicht ein.
Babs zuckt mit den Schultern: »Das muß er selbst wissen. Es ist seine Sache.«
Ich stelle mir vor, wie es wäre, ein Ohr von ihm abzubeißen, zu zerkauen und auszuspucken. Ich mag nicht, was er sagt, und finde Babsis Meinung dumm, muß ich sagen. Die Körper fremder Menschen, sie zu töten, das soll alles Alberts Sache sein? Er muß selber wissen, ob er dazu Lust hat oder nicht? Da stimmt doch was nicht.

Aber ich kann nicht klar darüber denken. Ich werde jetzt sehr schnell dümmer. Manchmal sorge ich mich deshalb, aber solange ich in Merkstein bleibe, wird es niemandem auffallen. Manchmal bin ich sogar gerne so. Einfältig, einzellig. Dann kuschel ich mich in meine dicke, schützende Dummheit und treibe blind, taub und stumm durch diese Zeit wie ein Pantoffeltierchen in einem Aquarium. In düsterer Laune, die mich gegen in die Irre laufende Reize abschirmt. Das Pantoffeltierchen lebt nur zufällig, unabsichtlich. Weil es nicht gestorben ist, lebt es noch heute. Es war einmal. Ist fast nicht mehr.

»Hi, Silvi!« sagt Norbert. »Ist der Charly hier? Scheiße! Wir sind auf 'ner tollen Fete, aber wir haben absolut kein Dope mehr. Weißt du nicht, ob er heute noch kommt? Scheiße, Mann, muß ich woanders gucken. Legalize it! Tschö!«
Charly verkauft Drogen, aber nur an Erwachsene.

»Sie entscheiden und verantworten es selbst«, sagt er. Ich finde meine Meinung dazu nicht. Es fehlt eine Art liebevolles Verantwortungsgefühl, eine Zärtlichkeit für andere – aber das ist etwas, zu dem niemand verpflichtet ist. Und das auch nicht jeder haben will. Manche nervt das bloß. Sie sehen, wie pisselig alles ist, und wollen darüber wild werden dürfen, oder cool. Verständlich.

*

Ich arbeite jetzt beim Bauern, auf dem Feld. Weil es im Augenblick zu wenige Sternschnuppen gibt, um Wünsche bei Gott vorzubringen, habe ich mir gedacht: Ich darf mir etwas wünschen, wenn ich beim Rübenhacken einen Schößling in der Reihe habe. Das sind 3–4 pro Tag. Ich würde die Rüben gern auch noch essen, ich liebe sie. Ich bin fixiert auf sie. Mein Denken besteht zu großen Stükken im Erstellen von Was-ich-mag/Was-ich-nicht-mag-Tabellen, wenn ich auf dem Feld bin, denn ich bin beschäftigt, eine Persönlichkeit und ein Image aufzubauen, das meinem Alter entspricht. Also: Was soll ich tun? Was soll aus mir werden? Was will ich? Was will ich nicht?
Ich hab in der chemischen Reinigung aufgehört und mich »arbeitssuchend« gemeldet. Das Arbeitsamt hat mir gleich zwei Stellen angeboten. Man sollte meinen, es müßte mir nicht schwerfallen, mich bei den Einstellungsgesprächen dumm anzustellen, aber trotzdem fand mich der Personalmann für seine Fabrik überqualifiziert. So rum hatte ich den Dreh noch gar nicht versucht. Für das Vorstellungsgespräch im Café Plum hatte ich mich sorgfältig zurechtgemacht. Die alten Jeans, die Achim in der Schule unterm Tisch psychedelisch mit Kuli bemalt hat. Fettige Haare, dreckige Fingernägel. Auch das haute hin. Nicht genommen worden.
Um diese Arbeit beim Bauern hab ich mich freiwillig gekümmert. Ich dachte, das könnte was für mich sein, und das war es auch. Ich fühle mich sicher bei dem Job. Die andern mögen mich und verlangen dafür nicht viel

von mir. Der Rest der Welt scheint weit weg. Bis dahin nur flaches Rübenfeld. In der Mittagspause liegen wir am Feldrand und dösen müde. 10 Stunden am Tag bin ich weg, unerreichbar. Ich hacke und streichle die Erde. Sie ist gut zu mir. Heilt und hilft.
Uli ist eine große, dicke Bauernpuppe, mit seinen roten Backen. Er ist 19 und sieht ein bißchen aus wie Franz-Josef Strauß, den er verehrt. Sein Vater ist Schützenkönig.
»Silvia, was sind deine Hobbys?« fragt Uli mit seiner frischen Stimme und seiner naiven allgemeinen Freundlichkeit. »Meine Hobbys sind Autofahren und Jagen.«
»Ich singe in einer Band. Aber wir sind noch nicht erfolgreich.«
»Was macht ihr denn für Musik? Wie die schwedische Popgruppe ABBA? Willst du nicht bei unserm Schützenfest auftreten?«
»Mein Hobby sind Hunde«, sagt Paul, 47. »Wenn ich besoffen nach Hause komme, stopfe ich mir Frolic in die Taschen und geh mit den Hunden über die Felder. Die fressen Frolic, ich trink Bier. Da stört mich keiner.«
Die Bauernlehrlinge versuchen, die Staaten der USA auswendig zusammenzukriegen, und dann die Hauptstädte von Mittelamerika. Sie sind fit. Ich nicht. Ich bin ja eine Zuckerrübe. Dick und doof. Ich wünschte, ich wollte nie etwas sein.

*

Norbert schaut in die untergehende Sonne vor dem Saftladen. Er sieht blasser aus als vor dem Abi. Der Ernst des Lebens knickt und erfriert die Leute. Die Welt wird böse. In zugigen Bussen werden die Leute noch vor Sonnenaufgang zu ihren Arbeitsstätten gefahren, Bunkern aus nassem Beton, wo sie acht Stunden kalte Füße haben müssen. Dort werden ihre Augen auf das Häßliche eingestellt. Jetzt sehen sie auch endlich die toten Katzen, die schon seit Jahren in den Gullys vermodern. Sie sehen, daß die Einlagen, die in den Hühnersuppen schwimmen, wie

dicke, aufgeweichte Hornhaut aussehen. Sie treten voll in kalte Pfützen, und der Regen platscht ihnen alles kaputt. Sie hüpfen wie Spatzen auf den nassen Dächern und frieren in nassen Federn, die der kalte Wind sträubt.
»Ich geh dann mal wieder«, sagt Norbert. »Tschö!«
»Legalize it!« sagen Achim und ich, um ihm eine Freude zu machen.
»Legalize it!« lacht Norbert, schüchtern, unsicher, ob wir uns über ihn lustig machen.
Viele Leute haben das Gefühl, Achim und ich würden sie verarschen. Wir haben uns das wirklich ein bißchen angewöhnt. Aber wir sind doch bloß kleine Kacker.

Babsi arbeitet jetzt in den Ferien in einer Waffelfabrik. Sie sagt, wenn sie an Waffeln denkt, muß sie kotzen. Aber sie macht das »freiwillig«, das heißt, niemand ist mit einer Pistole gekommen und hat sie gezwungen. Der »Sommer der Liebe« ist lang vorbei. Ich wehre mich, aber es nützt mir nichts. Ich werde auch dran glauben müssen.

*

Die »Schweine« saßen in der Mensa in Marburg und warteten auf ihren Auftritt. Sascha, Rolf und Hartmut knatschten.
»Hast du dir mal die ›Bühne‹ angeguckt? Hier spiel ich nicht!« sagte Rolf aufgebracht.
»Die wollen uns verarschen«, schimpfte Hartmut. »Die Stars spielen auf der hohen Bühne in der großen Halle, und wir Kleinen können auf dem Flur spielen. Die können mich mal. Da verstauch ich mir eben den Knöchel und kann nicht auftreten, und dann hat sich die Sache.«
»Wieviel sollen wir eigentlich für den Auftritt kriegen?« fragte Sascha.
»300 Mark, ihr Feiglinge«, antwortete Kurt.
Er hatte recht mit »Feiglinge«. Sie waren nervös. Sie dachten, sie wären nichts gegen die andern, die alle was sind. Sie versuchten, das umgedreht zu sehen, aber das

stimmte dann auch wieder nicht. Sie kriegten das Bild nicht ins Gleichgewicht.

»Was glaubt ihr, wo man überall spielen muß, wenn man Profi sein will«, sagte Kalle Brockly, der als Kurts Freund mitgefahren war.

»Dann will ich eben kein Profi sein«, maulte Sascha. »Dann mach ich eben nicht mehr mit. Für mich gibt es auch noch was anderes als Musik.«

Er nahm einen Schluck aus seiner Flasche und legte den Arm um das Mädchen, das er sich mitgebracht hatte.

»Ich besauf mich jetzt«, sagte Rolf. »Ist doch scheißegal.«

»Der Typ da hinten sieht aus, als würde er auch hier auftreten«, sagte Hartmut. »Fragt den doch mal, wo DER spielt, im Saal oder im Flur. Garantiert darf der im Saal spielen!« Das mußte natürlich Kurt machen. Er muß alles machen, deshalb ist er nachher auch schuld, wenn etwas falsch gelaufen ist.

»Spielt ihr im Saal?« fragte Kurt den Jungen.

»Ja«, sagte der. »Scheiße! Da ist die Bühne viel zu hoch. Wir würden viel lieber im Flur auftreten.«

Er hieß Tim, und die Plattenfirma seiner Band war an dem Abend auch da. Tim machte sie auf uns aufmerksam, und sie fanden uns gut. So kam es, daß wir schon nach diesem Auftritt, der erst unser zweiter war, einen Plattenvertrag bekamen.

Einen Plattenvertrag! Ich scheiße vier- bis fünfmal am Tag solche Haufen vor Aufregung. Aber Hartmut und Sascha halten sich zurück. Hartmut und Sascha warnen: »Wir müssen aufpassen, daß die von der Plattenfirma uns nicht übers Ohr hauen. Bei aller Freundschaft: denen ihr Soundtechniker hat uns bei unserem Auftritt kaputtgemixt. Tja, das geht wohl nicht, daß der uns den gleichen guten Sound mixt wie seinen großen Stars.«

Ich halte mir das Gehirn zu, wenn sie so reden. Ich möchte es nicht wahr haben. Ich will nichts davon wissen. Wenn alles rauskommt, möchte ich nicht dabeisein.

*

Ich sitze im Gras vor dem »Saftladen«. Ein paar Leute spielen Fußball auf der Wiese; ich höre das Geräusch nicht gern, das entsteht, wenn ihre Füße gegen das Leder treten. Es ist für mich das Geräusch von Zeitverschwendung. Auch der Duft des gemähten Grases macht mich nervös, als Teil der Atmosphäre, die die Leute hier schaffen, mit ihrem Rasenmähen, mit ihrer Art zu leben, die mich einschnürt, würgt und zerquetscht, weil ich sie sehe und höre und nichts anderes habe.
Ich bin sexuell erregt, trotzdem. Aus Verachtung und Auflehnung. Wie man sich auf einem öden Fest besäuft und mit jemandem flirtet, der einem nicht gefällt, und grimmig etwas tun will, für das man sich danach schämen wird. Um seinen Ekel auszudrücken. Das Leben totzumachen. Sich den Rest zu geben und die eigene Gefangenschaft zu besiegeln. Ich hasse die Sportsendungen im Radio, während die Leute ihre Autos putzen. Die Kinder in ihren lila-bunten Klamotten, die so scheiße aussehen. Ich habe dem nicht genug entgegenzusetzen.
Ich hätte weiter studieren können, da wäre ich unter andere Leute und Räder gekommen, die von meinen Freunden hier unbekannterweise und irrtümlich für »intellektuelle Arschlöcher« gehalten werden. Mich hatte das gereizt. Aber dann waren es auf der Uni doch nur die braven Leute vom Gymnasium, die einen Beruf erlernen wollten. Ich wollte Künstlerin werden. Aber ich schämte mich und versteckte meinen Ehrgeiz.
Und so sitzen wir hier nun.
Es ist nicht so, daß ich nicht schon seit einiger Zeit bemerkt hätte, daß der Junge mit dem Motorradanzug vor dem »Saftladen« eingetroffen ist, aber ich ignoriere es. Wie ein neurotisches Tier. Wie diese armen ausländischen Vögel, die in einem Käfig in Merkstein ihr Leben ließen und verendeten.
Ich meine die zwei Wellensittiche, die ich hatte, erst in Pension, dann für »immer«, bis zu ihrem Selbstmord. Wenn sie mich mit der Futtertüte kommen sahen, schrien sie aufgeregt und flatterten herum wie Teenager

bei einem Rockkonzert, wenn ihr Star auf die Bühne kommt. Aber wenn dann ihr Futter im Käfig lag, rührten sie es nicht an. Sie quetschten sich ängstlich an die Stäbe und äugten aus den Winkeln schüchtern zu den Körnern hin. Oder taten, als sähen sie sie gar nicht, pfiffen gleichgültig, guckten aus dem Fenster und schaukelten auf der Schaukel. Es dauerte sehr lange, bis der erste sich ein Korn holte, verstohlen, hastig wie ein Dieb.
Sie waren wirklich gestört in ihrem Kopf, in ihrem Käfig. Ich habe oft versucht, Zugang zu ihnen zu finden, irgendeine Freundschaft mit ihnen zu schließen. Ihnen zu erklären, daß ich an ihrem Scheißleben nicht schuld war. Ich überlegte oft, ob ich sie nicht freilassen sollte, ein Rausch, und dann frißt sie die Katze oder der Geier. Sie waren zusammen im Käfig aufgewachsen und sollten nicht getrennt werden. Sie waren mir aufgezwungen worden, und ich wurde sie an niemand anderen mehr los, nachdem ich die zwei schwarzen Peters einmal bei mir zu Hause hatte. Keiner wollte sie, weil der eine von ihnen den Flügel gebrochen hatte und nur durch die Luft auf die heiße Herdplatte trudeln oder hinter den Kohleofen fallen konnte. Es roch schmerzhaft nach verbrannten Horn-Füßchen, wenn er es wieder getan hatte. Wir blieben uns fremd. Ich verstehe nichts von Vögeln. Irgendwann vegetierten sie nur noch nebenher in ihrem Käfig beim Fenster. Kriegten Futter, saubergemacht, das war's. Das war zu wenig.
Eines Tages, als Kurt und ich heimkamen, sahen wir, daß der Körperbehinderte sich in der Blumengießkanne ertränkt hatte. Ein paar Tage später lag der andere tot im Käfig. Dieser Tod der beiden, in Gefangenschaft und emotionaler und geistiger Vernachlässigung, verfolgt mich seitdem in meinen Träumen. In diesen Träumen werde ich vor das Problem gestellt, kleine, domestizierte Tiere zu retten und mich um sie zu kümmern. Gefangenhalten oder freilassen? Aber sie könnten in Freiheit nicht überleben. Immer dieses Dilemma, diese Verantwortung. Das zweifelhafte Füttern und Erhalten von Lebewesen, an

deren unglückliche, abhängige Existenz ich wie durch Schuld gebunden bin, obwohl ich keine Schuld daran habe. Ich bin nicht schuld! Ich verfalle darüber in großes empörtes Gekreische und Geflatter gegen die Käfig-Gitter und mache eine lärmige Musik daraus. Aber wenn dann da ist, wonach ich gesungen habe, bin ich mir nicht mehr sicher, ob ich das wirklich wollte. Ob das wichtig ist. Ob etwas dadurch für mich besser würde. Ich könnte es auch da stehen lassen. Ich kann auch leben ohne das. Ich brauche nichts und niemanden.
Es kommt auch ein Leben zustande, wenn man sich nicht um die Erfüllung seiner Wünsche kümmert. Ist es ein schlechteres? Vielleicht ist es auf viel natürlichere Art meins, als diese Krämpfe um etwas oder jemanden.
Die Buddhisten würden jetzt vielleicht Applaus klatschen, wenn ich sie richtig verstehe. Und die Amis würden mich kopfschüttelnd stehen lassen und ihren Sehnsüchten nachjagen, die man alle verwirklichen kann, nein, muß, wenn man will.
Ich habe auch im Kindergarten nicht verstehen können, worum es bei der »Reise nach Jerusalem« ging und jedesmal verloren. Das war mir egal, so wenig hatte ich kapiert, wozu es wichtig sein sollte, in dem Spiel nicht ohne Platz zu bleiben. Ich stand gerne. Sie konnten ihre Stühle ruhig haben, wenn sie so versessen darauf waren.
Tja, und da stehe ich nun.
Ich habe seit Tagen auf diesen Jungen da gewartet, mit dem Leben geknatscht, mein Schicksal beschimpft, die Regeln verflucht, andere beneidet. Doch jetzt ist es mir nicht recht, daß er leibhaftig da ist und ich ihn wahrscheinlich sogar ansprechen könnte, ohne daß er mir eine reinhauen würde. Ich glaube nicht an ihn. Ich fürchte, daß ich schlauer bin als er. Dabei wäre das doch nicht meine Schuld. Aber ich möchte nicht vorschußhaft etwas Unangemessenes fühlen für Leute, die ich doch halb blöd finden müßte, wenn ich sie kennenlernte. Er leckt sich immer so komisch die Lippen. Ich schäme mich, wie er dabei aussieht.

Es ist gut, daß niemand weiß, daß ich Rumpelstilzchen heiß und in meinem heißen inneren Häuschen eifrig Vorbereitungen treffe, die meiner Zweifel spotten.
Dort habe ich mir dieses Kleid hier angezogen, weil es so leicht wieder auszuziehen wäre. In dem dunklen Wald, in dem Schlampi haust, spielt sie allein mit Figuren, die alle nicht die Wirklichkeit sind. In ihrer unterbelichteten Innenwelt spielt sie mit Ideen wie mit Puppen, die sie auszieht und nackt aufeinanderlegt, an diesem warmen, leeren Abend.
Dieser Junge da tut das offensichtlich nicht. Nicht mit diesen jedenfalls. Er spielt vielleicht mit Rittern oder Soldaten. Sein Motorradanzug voller Gürtel und Schnallen ist wie eine Rüstung, wie Fesseln. Es sieht aus, als hätte er sich die Hose verkehrtrum angezogen und sich mit dem Hemd verknöpft. Da kommt er nie mehr lebend raus. Auch sein Gesicht ist verschlossen.
Was glotz' ich hier rum. Ich könnte nach Hause gehen. Mich nur auf mich konzentrieren, auf meine persönliche Karriere hinarbeiten und Musik üben. Die Nachbarn haben sich schon bei Rosi über mich beschwert, hat sie mir erzählt. Ich hatte versucht, mir einzubilden, die Leute könnten mich nicht hören, wenn ich in meiner Wohnung singen übe. Ich mußte mir das vormachen, um das überhaupt machen zu können. Ich singe so furchtbar. Deshalb muß ich es ja auch üben. Wir haben zwar einen Proberaum, aber zu dem haben auch die Jungen Schlüssel und kämen vielleicht überraschend und hörten mich da verzweifelt quäken.
Wenn ich jetzt nach dem Singen aus dem Haus gehe, stapfe ich mit gesenktem Kopf an dem Nachbarmann vorbei, als würde ich ihn nicht sehen, und habe ein verkniffenes Gesicht dabei, weil ich weiß, er hat mich gehört.
»Na und?« rede ich mir ein, »die machen doch selber Lärm mit ihren Heimwerkermaschinen dauernd. Die Kunst muß auch ein Recht haben.«
Aber ich weiß, der Lärm der Nachbarn ist etwas anderes: das legitime Geräusch eines hier anerkannten Lebens-

stils. Ein Nachbarhund muß deshalb bellen dürfen. Doch muß ein Mensch denn hier unbedingt singen?
Beim Singen treten in meiner Stimme die Sachen hervor, die ich sonst verstecke. Das ist peinlich vor den Nachbarn wie die Geräusche, die man beim Sex macht. Aber ich möchte ohne Scham tief in die Songs hinein, Ausdruck und Konzentration in jedem Augenblick. Das Singen kann so einen heiligen Spaß machen. (Ich rede ja nicht vom Hören.) Es ist etwas, auf das sich vielleicht irgendwann ein Selbstbewußtsein aufbauen läßt, das es auf seine Art mit dem der andern aufnehmen kann: Ich habe eine Band. Einen Plattenvertrag. Diese Dinge könnten mir Würde geben. Ich könnte an sie denken und wieder wachsen, wenn ich etwas/jemandem gegenüber schrumpfe. Wenn der/das Macht über mich bekommt und ich mich fühle, als wäre ich nicht mehr da. Ich meine nicht die Auflösung, die schön ist. Bei dem, was ich meine, wird man zweidimensional, wie ein Bild. Oder ein Ding.
Wenn das fast passiert, dann wäre Musik etwas, in das was anderes nicht hinein kann, meins.
Achim sagt, daß er den Jungen kennt. Er war längere Zeit rauschgiftsüchtig und dann auf Entzug. Er heißt Martin. Ich glaube, ich finde den Namen blöd. Wie auf dem Schulhof, will ich keinen Freund mit einem Namen, über den die anderen Kinder lachen könnten, weil ein Depp im Fernsehen so heißt, den sie da auch immer auslachen. Der Junge, der mich im Kaiserkeller geküßt hat, hatte auch einen dieser verspotteten Namen: Mustafa. Es gibt Leute, die lachen darüber. Nur, daß dieser Junge nicht lächerlich war.
Sie lachen auch über Ute. Nicht wegen ihres Namens, sondern weil sie so viele Jungen küßt und man ihre Sexualität dabei so sehen kann. Es ist den meisten peinlich, wenn Sexualität zu offenkundig ist. Sie möchten Verschleierung, auch des Verhaltens, besonders der Frauen. Es soll verschwiegen, umspielt werden. Aber das ist wohl okay, ich denke, das ist es, was man »kultiviert« nennt.

Nun, das ist Ute nicht. Warum man sie geringschätzt, weiß ich trotzdem nicht.
Sie könnte beinah ich sein. Sie nimmt sich, wozu ich mich nicht entscheiden kann. Ich habe in Merkstein mehrere Tage mit einer Blumenhose in einem Schaufenster liebäugelt. Ich habe sie anprobiert. Aber ich zögerte. Da kam Ute mit der Hose in den »Saftladen«.
Ich möchte nicht Menschen und Dinge in einem Atemzug über einen Kamm in einen Topf werfen. Aber Ute interessiert sich auch für Martin, offenkundig, wie es ihre Art ist. Sie nimmt ihm das Bier von den Lippen und schüttet es aus, um ihm zu zeigen, daß sie sich kümmert und daß es sie schmerzt, wie er sich zerstört. Wo es doch auch noch andere Dinge gibt, mit denen man sich berauschen kann. Ihre Lippen. Ihren Körper. Sie möchte ihm ein Kompliment machen, indem sie Kalle herabsetzt.
»Bäh, von Sex hast du doch gar keine Ahnung, Kalle!« sagt sie. »Du kriegst doch nie eine Freundin! Du bist kein Typ! Du bist ein Nichts!«
Armer Kalle. Er ist ein Chauvi, aber trotzdem.
»Du bist wohl charmant, Kalle«, sage ich tröstend. »Daß das mit dir und den Frauen so schwierig ist, muß an etwas anderem liegen. Vielleicht bist du nicht mutig genug und hattest deshalb noch nie eine Freundin.«
»Ich habe keine Freundin, weil ich keine will«, sagt Kalle, und legt sich ins Gras. »Ich finde Frauen doof. Ich will Bier und meine Ruhe.«
Das klingt einfach und einleuchtend, wie alles, womit man sich belügt. Kalle ist in Suse verliebt. Sie ist Krankenschwester. Alle machen Witze darüber. Einer spottet über den andern, das ist hier Sitte. Man darf sich nichts anmerken lassen, wenn sie es mit einem machen. Bis man selber nichts mehr von seinen Gefühlen merkt. Später zahlt man es mit gleicher Münze heim.
Ich ärgere mich über dieses Herumgehacke von Kalle auf »Frauen«.
»Er will dich bloß provozieren«, sagt Kurt. Na gut, dann will ich ihm auch bloß die Eier langziehen. Ich versuche,

trotzdem nicht so ungerecht zu ihm zu sein wie Ute. Nichts zu sagen, das nicht stimmt. Ich bin mir nicht sicher, ob ich das aus gutem Charakter so mache. Vielleicht will ich nur besser zielen. Wenn mir aber nur was Blödes einfällt, sage ich das trotzdem und versuche, mich nicht darum zu kümmern, ob es paßt, interessiert, verstanden oder ertragen wird. Ich versuche, es mir egal sein zu lassen, wo mein Niveau dann hinrutscht. Mein Leben steckt in einem trivialen Roman, na und? Ich will auch doof sein dürfen. Ich habe genausoviel oder -wenig Recht dazu wie andere. Aber es ist schwer, das wirklich so zu sehen und durchzuziehen. Nichts als pseudo-intellektuelle Eitelkeit steht dem im Weg. Und ein noch immer zu niedriger Alkoholspiegel.
Wohlan.
»Gott bewahre mich vor allem Bösen, Krankenschwestern und Frisösen«, sage ich platt und herzlos und schiebe noch einen Versuch hinterher, mit meinem Niveau zu sinken wie ein U-Boot, das bald zerplatzt vor Blödheit.
»Ein Freund von meinem Vater ist Krankenpfleger«, erzähle ich launig in die Runde, »seine Frau und seine Geliebte sind Krankenschwestern. Sie tragen keine Höschen unter ihren Uniformen!«
Kalle zupft ärgerlich an dem Gras herum.
»Kannst du mal aufhören, Scheiße zu reden?«
»Ja, Frauen!« sagt Achim, ernsthaft betrunken. »Frauen wollen auch. Das wird oft übersehen! Aber deshalb sind sie noch lange keine Schlampen. (Danke, Bruder.) Ich weiß nicht, ob du schon mal auf einer Demo gewesen bist, Kalle. Aber ich war schon auf so vielen. Es hat mir nichts genützt.«
»Du redest wirres Zeug, Achim«, sagt Kalle.
»Aber es ist wahr!« sage ich. Was ist wahr? Ich bin zu betrunken für so schwere Fragen.
»Nichts ist wahr«, sagt Kalle. »Ihr habt nur Sex im Kopf.«

*

Nichts ist wahr? Nur Sex im Kopf? Aber doch nicht »nur«. Sex ist doch nicht »nur«. Sex ist doch das große, angstvolle Thema meines Lebens! Darum geht es, darum dreht sich's, darum wird ihm schwindlig, darum kotzt es gleich. Das alte Lied, die alte Leier, her mit die Eier.
Ich will nicht immer darauf rumreiten.
Aber es ist wahr, auch im Ernst, diesem Tal der Tränen, in dem Schlampi herumgeistert, weil sie sich zum Spaß nicht aufschwingen kann.
Sexualität ist der Inbegriff von interessant für mich, das Gegenteil von langweilig. Aber sie ist fraglich. Ist die Langeweile groß, wächst die Sehnsucht nach Abenteuern, und alles, was dieses Etikett auf sich hat, verkauft sich gut. Es klebt auf Rasierwasser, Rockmusik, Geschlechtern, aber es ist leer, oder? Was können Männer und Frauen voneinander wollen? Beide Lager sind nicht wichtig, beide sind begrenzt und nach kurzer Zeit langweilig für den andern. Sie leben in Käfigen und können einander nur in ihren eingefriedeten Behausungen besuchen, in denen das Gras grüner scheint. Bald nach der Paarung sehen sie im Geliebten nur noch Futter und versuchen, einander aufzufressen, wie manche Insekten. Sie verbrennen sich die Füße, ersäufen sich im Wasser. Es ist sinnlos.
Inga, Norberts hübsche Freundin, sagt, Sex ist nett, aber nicht so wichtig. Sie liebt schöne Kleider und Möbel mehr als mehrere Jungen. Tims Freundin möchte Abenteuer erleben, aber sie sagt, sie meine damit Weltreisen und Schatzsuchen. Aber Sex ist doch nichts Kleines. Fast alle Lebewesen sind durch etwas wie Sex entstanden. Nicht durch Fernsehen, Saufen, Fußball oder sonstwas, das als wichtig gilt. Alles hängt davon ab. Es ist mir wichtig, auf eine Art, die ich und die anderen nicht verstehen können. In meiner Seele, unter dem irdischen Leben, ist da wohl einiges um einige Nummern zu groß geraten. Dadurch gebe ich mir zu viel Mühe, mache mir zu viele Sorgen und vermute einen tieferen Sinn unter allem. Ich habe ein seelisches Loch in meinem Bauch, das etwas

möchte, das es nicht sagen kann. Armes Loch. Ich versuche, ihm zu helfen.
Sein Schmerz ist nicht nur sexuell. Es ist weniger dramatisch, als meine Worte klingen. Aber es ist schlimmer als sie, weil ich es nicht nur aufschreibe, sondern bin.

*

Ich bin tief beunruhigt über mich im Gegensatz zu den andern. Ich kenne keine Frau hier, die nicht monogam ist. Alle Mädchen, die ich gefragt habe, sagen freundlich, daß sie gerne treu sind und daß Jungen außer ihrem Freund sie nur wenig interessieren. Ich wollte nie anders sein als sie. Aber ich bin nie gerne treu gewesen.
Männer beschäftigen mich sehr, sie dringen sowieso in mich ein, und Sex ist ein verzauberter, gnädiger Zustand unpersönlicher Liebe. Doch vor Gericht muß man als Person gradestehen für das unpersönlich aufgelöste Früchtchen, das man war.
Wenn man »mich« fragte, würde ich sagen: Ist doch nicht schlimm! Sachen sollen passieren im Leben. Schlampi ist meine eingeborene Tochter, an der ich mein Wohlgefallen habe. Jedoch. Obwohl man mir meistens sagt, ich mache es mir zu schwer: in dem Fall mache ich es mir zu leicht, und es kommt unheimlich schlecht bei den andern an. Niemand ist gerne eifersüchtig, und alle verurteilen die, die Eifersucht verursacht, selbst der Komplize des Verbrechens, fürchte ich. Man hat mehr Mitleid mit Opfern als mit Tätern. Man hat keinen so großen Drang, nett zu ihnen zu sein. Sie sind es doch selber schuld. Dabei bin ich gar nicht selber schuld an dieser traurigen, polygamen Anlage. Die hat mir eine böse Fee in die Wiege gelegt, verbittert, weil alle sie von den Feten aussperren. Ich bin nicht schuld, sondern meine »Natur«, und doch darf das keine Entschuldigung sein! Man denke nur an die Lustmörder und Kinderschänder, die auch bloß ihrer »Natur« folgen, und sie verwirklichen! Das kann man doch nicht zulassen.
Wir bösen Leute können unsere Gefühle und Anlagen

jetzt nicht mehr verhindern. Aber wir können uns zwingen, sie bei der Durchführung unseres Lebens außer acht zu lassen. Die böse Fee in unserem Blut ein zweites Mal vom Fest auszusperren, und diesmal endgültig.

Das geht natürlich nur über die eigenen Leichen. Ab dann scheint alles beliebig, das ist der Preis. Nichts zeigt mehr den Weg, und man hat das Gefühl, auf der Erde überflüssig zu sein. Aber man richtet wenigstens keinen Schaden mehr auf ihr an. Verdirbt den andern nicht das Fest.

Wenn man sich schon nicht zur Kastration oder Selbstmord durchringen kann. It's my party, and I die if I want to. Das Leben der Bösen wird natürlich erschütternd langweilig so, denn es gibt ihnen nicht, was ihre unselige Anlage braucht. Sie haben nichts mehr zu tun. Sie füttern sich mit Büchern, Bildern, Schallplatten. Aber was hilft es, Kochbücher zu essen, wenn man hungrig ist und ein verhinderter Triebtäter? Ein verunglückter Typ, der sich nach was zerfleischt, das er nicht darf?

Man kann seine Wünsche nicht aufgeben. Sie leben undercover weiter, incognito. Zwischen Bücher-Deckeln unterdrückt. Sie flimmern im Fernsehkasten. Dröhnen in den Boxen. Da zappeln sie sich einen ab. Geister in der Flasche; in Rillen gebannte Dämonen.

Hä hä, sie können nicht raus.

Hä hä, ich aber auch nicht.

Manchmal wünschte ich, ich würde vergewaltigt, damit ich nachher sagen kann, ich wäre es nicht schuld gewesen. Der Dämon des anderen hätte es gemacht.

Aber es müßte genau der Richtige sein. Genau der, den ich selber vergewaltigen wollte.

Aber ich will gar keinen.

*

Mecki und Peter heißen die Jungen, denen »unsere« Plattenfirma gehört, und gewisse Leute, die denken, sie hätten einen besseren Geschmack als ich, finden Peter nicht hübsch. Mecki sieht so ähnlich aus.

Das ist doch Scheiße beschrieben. Ich versuch's noch mal anders. Wenn man ihr Aussehen mit jemandem vergleichen wollte: David Byrne. Obwohl der eigentlich ganz anders aussieht.
Ja, man merkt's doch immer wieder: ich bin keine gute Schriftstellerin. Ich habe zu wenig Lust, mir richtig Mühe zu geben (und herauszufinden, daß es dann immer noch nicht reicht). Ich schreibe wirklich fast wie ein Teenie. Nicht mal wie vom Gymnasium. In Merkstein müßte das Buch so ja eigentlich ein Erfolg werden.
Wir fuhren nach Düsseldorf, zu Mecki und Peter ins Büro, um über den Vertrag zu sprechen. Das Büro war sehr durcheinander, und ich sah, wie Kalle, der neugierig mitgekommen war, an einer Bemerkung würgte. Bei seinen Eltern zu Hause ist nämlich auch der Klodeckel behäkelt, wie bei Rosi unten, und das Papier unter dem Wollrock einer Barbiepuppe. Das läßt man nicht so einfach hinter sich. So ein umhäkeltes Klo nimmt man mit im Kopf. Es redet einem ein: »Bei Brocklys wird nie danebengepinkelt. Hier wird nie so gekotzt, daß es spritzt. Uns geht nie was daneben.«
Geht es aber doch.
Kurt saß aus Unachtsamkeit auf den Sachen von Meckis Freundin und machte sie knitterig. Ich will ihn wegen so was nicht dauernd vor den andern ermahnen; das ist ja mama-haft und macht Männer verständlich sauer. Aber mich macht es nervös, Bemerkungen unterdrücken zu müssen. Muß ich halt noch dran arbeiten.
Meckis Freundin lag im Nebenzimmer noch im Bett. Nachher ging sie durch das Hauptzimmer zum Klo. Sie hatte unter ihrer Bluse keinen Büstenhalter an, und die Brüste wackelten nett.
Ich war aufgeregt über diese neuen, wichtigen Leute in meinem Leben und begrüßte alles mit Sympathie. Ich ahnte, daß Hartmut das charakterlos, opportunistisch und übertrieben von mir fand.
Peters Freundin ist das typische blonde Mädchen mit Schminke und Stöckelschuhen, das Musikchefs als Freun-

din haben. Aber sie kann Klos selber einbauen! Ich bewundere sie. Hartmut schüttelte verächtlich den Kopf über mich. Die Tussi bewundern. Jeder Scheiß-Klempner kann das auch und besser.
An den Wänden hingen Plattencovers von Bands, die Mecki und Peter »machen«. Mit so nassen Jungen drauf eins. Mir schien, die Nässe sollte Schutzbedürftigkeit ausdrücken, ich wußte wohl nicht, inwiefern. Aber jetzt fällt es mir ein: Babys. Neugeborene. Die schwitzende Mutter. Käseschmiere.
Bald werden wir auch da hängen, an der Wand, mit den anderen. Das macht mich aufgeregt, aber später gewöhnt man sich daran, sagen alle. Dann werde ich selber sehen, daß Düsseldorf Scheiße ist. Voller modebewußter Arschlöcher. Ich als Frau gleich Klein-Doofi lasse mich von denen blenden. Dafür gibt es Jungen in meiner Band, die mir sagen können, wie Wirklichkeit aussieht und wo überall Feinde stecken, die ich nicht bemerken will. Weil ich es zulasse, daß mir die Arschlöcher in die Augen strahlen und stechen, während ich in sie hineinkrieche. Denn ich will weg von dieser Welt. Ich will zurück ins Loch. Ins Licht. Es geht doch nicht.
Peter hörte sich die Aufnahmen unserer Songs an und fand sie lustig. »Unsere« Songs stimmt eigentlich nicht. Es sind Cover-Versionen, wie gesagt, d. h. nachgespielte Lieder, die es schon gibt. »Fremder Mann« von Marianne Rosenberg zum Beispiel, aber »von Marianne Rosenberg« ist auch nicht wahr, sie ist auch bloß die Interpretin gewesen.
»Oh, warum kann ich nicht die andre sein, warum muß ich immer im Geheimen träumen« ... das ist trivial, ich weiß. Aber ich achte nicht darauf, wenn ich das »singe«. Die Trivialität dieser Texte gibt mir eine Verkleidung, hinter der ich etwas empfinden und ausdrücken kann, ohne daß es jemand ernst nimmt. Ich finde manche Schlagertexte auch nicht völlig dumm. Naja, vielleicht doch. Schließlich treffen sie zum Teil auch auf mich zu. Auch ich möchte manchmal gern eine andere sein. Ungestraft verbotene

Dinge mit einem fremden Mann tun. Und dabei von einem Traum um mich herum beschützt werden.
Und Peter lacht. Dafür bin ich ihm unangemessen dankbar.
Ich hatte nicht damit gerechnet, daß er mit allem einverstanden sein würde, was wir gemacht haben. Ich hatte gedacht, und die anderen hatten mich vorbereitet, er würde sagen:
»Das ist Kacke. Muß anders. Ich weiß, was das Publikum will.«
Doch auch Mecki lachte und sagte:
»Der Peter wird schon Käufer dafür finden.«
Sascha umarmte mich, als wir uns auf dem Weg von/zu der Toilette begegneten.
»Daß wir einen Plattenvertrag kriegen. Kannst du das verstehen?« fragte er mich und: »Hör mal, wenn unsere Platte raus ist, kriegt dann auch jeder von uns Musikern eine umsonst?«
16 Jahre. Aber man vergißt das, wenn man ihn küßt. Man vergißt überhaupt ganz schön viel, bei so was. Endlich wird der ganze Käu ausgeblendet. Und taucht nachher doch ziemlich unverändert wieder auf, ist ja wahr, ich weiß das doch. Trotzdem.
Als ich zurück ins Zimmer kam, hatte Kurt eine Kiste mit Musik-Kassetten entdeckt. Er fragte Mecki und Peter neugierig: »Darf ich?« und wollte wühlen.
»Bitte – bedien' dich«, antwortete Mecki.
Es war ein großer Karton voller Demo-Kassetten, die Leute, in der Hoffnung auf einen Vertrag, an seine Firma geschickt hatten, und »Alles Schrott!« sagte Peter. »Wenn was dabei wäre, wir würden es sofort nehmen. Aber hör' dir doch das mal an ...«
Es war gemein von uns. Wir lachten über die Musik, aber eigentlich dachte ich: Die sind doch gar nicht so schlecht. Sollen wir besser sein als die?
»Mecki«, sagte Kurt, »sag mal ehrlich: Hättet ihr uns eigentlich genommen, wenn ihr nur unsere Kassette gehört hättet? Wenn Tim uns nicht empfohlen hätte und

wir uns nicht bei dem Auftritt in Marburg persönlich kennengelernt hätten?«
Mecki schwieg und lächelte unergründlich.

*

Jungen haben manchmal eine komische Art, einen anzusehen. Ich bin mir nicht immer sicher, was sie damit meinen. Ich darf nicht zuviel trinken, sonst nehme ich es zu persönlich. Dann kommen meine Vorstellungen von ihnen nachts an meinen Kopf und bedrängeln mich und wollen sich in mein Gehirn schieben und darin wachsen wie Computerprogramme. Ich werde mir schnell zu viel, wenn es um Jungen geht.

*

»Sherry?« fragte der Fotograf.
Ich habe zwar ja gesagt, aber keinen bekommen, weil er das Einschenken vor Streß vergaß.
»Am 17. könnt ihr? Moment, müßte ich mal nachgucken. Nein. Geht nicht. Da muß ich nach Wiesbaden. Aber Augenblick ... njaaa, jah, am 12. würde es vielleicht gehen. Wenn wir die Sache ganz früh machen, am besten so um halb 7 morgens. Dann müßte ich um halb 12 die Sache in Neuss machen ... ja, okay. Tja, so sieht es im Augenblick bei mir aus«, sagte er und zeigte uns seinen vollgeschriebenen Terminkalender. Ich hatte gedacht, so ein Verhalten gäbe es nur in Fernsehfilmen. Davon war es vielleicht auch abgeguckt. Auch bei ihm hatten sich Bilder in den Kopf geschoben, oder er hatte sie sich freiwillig hineingesteckt, damit sie ein Teil von ihm würden, und er ein Teil von ihnen. Aber das ist vielleicht natürlich. Das ist Lernen. Ein Leben als Erwachsener hinzukriegen, durchzuboxen, zu etablieren. Das muß ich vielleicht auch so machen.
Wie erwartet, sah mein nackter Bauch auf den Fotos dann nicht gut aus, doch mein Gesicht war gar nicht so

schlimm. So sieht es also aus, wenn ich schüchtern und aufgeregt bin: man sieht es nicht. Vielleicht mache ich mir ja immer umsonst Sorgen und versuche, was zu verbergen, das man gar nicht sieht. Das wäre jeck. Das hieße, ich könnte also nackt durch die Gegend gehen, wie der Kaiser mit seinen neuen Kleidern. Ich könnte einfach ich selbst sein, und alle hielten es für einen Trick. Keiner würde es merken. Man versteckt vielleicht etwas gar nicht schlecht, indem man es offen sichtlich macht. Denn die Menschen halten es dann nicht für wahr. Sie halten das Verborgene für die Wahrheit. Sie suchen nach dem, was sie nicht sehen, und übersehen dabei, was sie sehen.
Garantiert ist das so! Ich bin da als erster Mensch auf etwas ganz Unerhörtes gestoßen.

*

Wenn ich Musikzeitungen lese, liege ich auf dem Rücken wie ein Baby und lasse mich wickeln. Ich lese heimlich mit Interesse die Journalisten, über die ich mich mit den andern lustig mache und die mir deshalb heimlich leid tun. Die sich, man sagt: ›peinlich‹ ausdrücken, und z. B. auf Joy Division stehen. Vielleicht werden sie ja auch mit einem gewissen Recht gehänselt und bespöttelt. Weiß nicht. Aber die andern auch. Die Affen rasen durch den Wald, der eine macht den andern kalt.
Wenn ich mit dem Rad zu meinen Eltern fahre, spiele ich in meiner Einbildung, ein Reporter säße auf dem Gepäckträger und würde mich interviewen, und ich überlege mir gute Antworten.
In Wirklichkeit würde das so niemals hinhauen; es geht zu sehr bergauf da.
Es ist nicht leicht, Interviews zu führen, denke ich. Wenn man Musiker nach ihrer Musik fragt, wird ihre Antwort zwangsläufig immer etwas anderes sein, als was sie tun.
Reporter und Plattenfirmen tun mir heimlich leid. Alle geben vor, sie zu hassen, aber alle wollen was von ihnen. Keiner gibt sich die Mühe, sich in ihre Situation hinein-

zuversetzen. Aber das ist allgemein kein beliebtes Spiel, »sich hineinversetzen«. Ich übe mich jedoch darin. Ist wie in fremde Wohnung reingucken, wenn man abends daran vorbeigeht. Oder wie auf einer eingebildeten Schauspielschule, an der ich studiere.
Ich möchte diesen Medien-Leuten das Gefühl geben, sie nicht zu benutzen. Im Gegenteil. Ich glaube, ich will gar keine richtige Karriere. Ich glaube, ich will Leute kennenlernen und in Cafés und Restaurants und bei den Leuten zu Hause sitzen. Mich mit ihnen unterhalten, nachdenken. Gucken, was sie für Wohnungen haben. Ich will vielleicht Freundschaft, oder so was? Ich weiß nicht.
»Freundschaft«. Es gibt kaum noch Wörter, die ich sagen kann, ohne das Gefühl, etwas zu beschönigen. Alles ist von Ehrgeiz, Neid und Nervosität verdorben. Von wichtig tun und urteilen: dem ganzen Gift der Szene.
Viele machen die Musikszene deshalb schlecht. Sie sagen, sie sei schmutzig. Die Sängerin von »Ideal« singt: »... und die ganze Szene hängt mir aus dem Hals. Da bleib ich kühl, kein Gefühl.«
Ich finde das mit dem Hals unappetitlich ausgedrückt, aber sie mag recht haben. Es täte mir vielleicht selber gut, nicht so oft mit »Gefühl« zu reagieren. Es ist vielleicht oft übertrieben und überhitzt die Situationen. Trotzdem freue ich mich, wenn ich mit unserer Plattenfirma telefoniere und höre, daß sie im Hintergrund unsere Aufnahmen spielen. Das ist aber falsch, sagen die Jungs aus meiner Band zu mir. Ich darf nicht vergessen, daß Mecki und Peter Geschäftsleute sind.
»Dieses Geschäft«, sagt Kurt, »siehst du zu romantisch.« Aber wenn nicht auch Peter und Mecki es romantisch sähen, hätten sie uns nie einen Vertrag gegeben. Mit uns kann man doch kein Geld verdienen.
Vielleicht wissen sie das nicht. Vielleicht sollten wir es ihnen sagen.
»Bist du wahnsinnig?« fragt Kurt. »Sie wollten uns haben, basta. Was weiß ich, warum. Vielleicht ist Mecki ja verliebt in dich.«

Kurt will damit bloß testen, ob ich rot werde. Ich bleibe aber blaß.
Ich bin doch nicht blöd. Ich weiß doch, wie viele hübsche Mädchen bei diesem schönen Wetter in Düsseldorf die Königsallee entlanggehen. Unsinn, ich weiß nicht, wie viele es sind. Aber sie gehen da lang. Und sie essen und tragen chice Sachen. Sie sind voller Leben. Ihnen muß man nicht erst »Lach doch mal!« sagen und sich eine schlechtgelaunte Antwort gefallen lassen, wie wenn man mich anspricht. In Merkstein sterben die Mädchen vor Langeweile, während sie in Düsseldorf vor Langeweile leben. Das ist doch viel attraktiver für einen Mann wie Mecki.
Nachts liegen die Düsseldorfer Mädchen mit jemandem an den Rheinufern im Gras, geil und versiert, und ich kann nichts verhindern, nichts mitmachen.
Kurt nennt mich vergnügungssüchtig. Aber es ist mir weniger Sucht als Bedürfnis. Ich möchte auch mal nackt im Rhein schwimmen und dabei wie eine Burg angestrahlt werden. Eine Frau braucht das ab und zu. Sie will nicht bemerken, daß das Leben nur Scheiße ist.

*

Im »Saftladen« spielen sie jetzt um Geld, wie im Gefängnis. Die Mädchen stehen daneben und kratzen den Helden die Rücken, während sie ihr »scheiße« murmeln.
Es ist verrückt, daß diese so begrenzten und gleichförmigen Jungen mehr wert sein sollen als z. B. Inga, die so schön, individuell und kultiviert ist. Aber sie ist tatsächlich bestenfalls ein Luxusgeschöpf am Rande hier. Die Männer sind das Eigentliche. Ihr Wort zählt.
Frauen-Wort nervt.
»Dann geh doch weg, wenn es dir hier nicht paßt«, heißt es in einem alten, deutschen Männer-Wort.
Ich werde hier sauer und faul wie eine Schale Milch, die zu lange rumsteht.
Der dicke Lupo schleppt sich durch den Raum, wie man einen Kartoffelsack mit sich zerrt, schleift und gelegent-

lich hochreißt. Dann erreicht er einen Sitzplatz und läßt sich darauf plumpsen.
So sitzt er also jetzt neben mir, aber nur, weil er's nicht weiter geschafft hat. Ich könnte mich mit ihm unterhalten, aber ich müßte mich gleich Widerwillen plus Arroganz dazu überwinden, und das ist es mir nicht wert. Lupo sieht das offensichtlich genauso.
Eine Unverschämtheit eigentlich.
Saschas Klasse ist in den »Saftladen« eingefallen und treibt wieder mit den Sesselpolstern Schindluder. Der grobe, dumme Kuhn pratscht den Barhocker gegen die Wand. Die »Saftladen«-Jungen tun wichtig und männlich mit ihren dicken jungen Bäuchen, die sie sich gerade wachsen lassen. Sie verlangen lautstark, BAP und Marius zu hören. Sie quietschen mit Knubbeln Styropor, um andern auf die Nerven zu gehen. Eigentlich versuchen sie, dem Schicksal ihrer Väter in den Familien zu entrinnen, kann ich mir vorstellen. Sie sehen die Schuld an familiären zwangsneurotischen Ticks und Regeln bei den Müttern, also halten sie sich die Frauen vom Leibe. Über den Frauen muß die Freiheit wohl grenzenlos sein. Sie möchten nicht, daß ihr Leben in so einer Familie endet. Das verstehe ich. Aber im Suff und Kartenspiel?
Etwas drückt auf meine Schultern, und meine Knie wollen hinfallen und beten, gegenüber Wellen von Sehnsucht. Aber ich glaube nicht, daß Martin es ist, der mir diese schlimmen Gefühle macht und der sie wegmachen könnte.
Niemand soll mich hier festhalten.
Es tut mir nicht gut, ihn anzusehen. Es ist zwanghaft und leer. Ich kann mir vorstellen, daß es einem dunkel und eng wird, wenn man mit mir zu tun hat. Er soll lieber andere angucken. Ich bin nicht die einzige im »Saftladen«, auch wenn der Leser durch meine Schuld diesen Eindruck haben sollte.
Ich kann stundenlang an dieser Mauer im »Saftladen« stehen, gegen die mich in meiner Phantasie jemand drückt, der einem Menschen kaum ähnelt. Ein Gespenst, ein

Außerirdischer, ein Zeitreisender, eine abstrakte Idee. Der geilste, nicht-existierende Typ des Universums. Reine Anti-Materie. Ich will alles von mir stoßen und in mich hineinfallen. Durch mich durch, durch die Wand.
Ich komme von dieser »Saftladen«-Mauer nicht mehr los.
Achim bringt mir manchmal ein Bier, wie einem angeketteten Sträfling. Danke, Bruder. Ich habe einen finsteren Plan gefaßt.
Anders als ich es als Flower-Power-Teenager geplant habe, werde ich, statt immer mehr »rauszulassen«, immer mehr für mich behalten. Ich werde mich vollkommen verheimlichen. Immer unsichtbarer und unantastbarer werden. Ich werde mich vernichten. Die Leute werden mich dafür lieben!
Ich werde nur noch in anderen Dimensionen leben, die sie sowieso nicht interessieren, in meinem Reich, nicht von dieser Welt. Offiziell werde ich meine Repräsentationspflichten natürlich weiterhin wahrnehmen. Schon jetzt bin ich in den Augen der »Saftladen«-Jungen ja nur noch die ruhige, unnahbare »Frau des Trainers« (= Kurt), die sich ausschließlich mit ihrem arroganten Bruder unterhält und mit anderen weder tanzt noch flirtet, noch sonstwie zappelt.
Aber auch das wird bald ein Ende haben. Schon bald werde ich aufhören, eine Frau zu sein. Achim sagt mir jetzt schon anerkennend, ich wäre doch ein halber Kerl und sollte am besten Olga heißen. Ich kann jetzt schon ungeheuer grob sein. Ich kann schon kein Kristall mehr anfassen, ohne daß es kaputtgeht. Mit Bierflaschen geht es noch. Das gefällt mir, nur noch eine ehemalige Frau zu sein. Aber auch das wird aufhören. Bald schon werde ich mein Bewußtsein verlieren.
Ich werde meinen Kopf ablegen wie einen Helm und meinen Geist darunter freilassen. Dann werden die Jungen mit meinem Kopf Fußball spielen. Sie werden ihre Schwänze in meinen Mund stecken, und ich werde nicht beißen; ich werde lieb sein bis an mein finsteres Ende.

Ich trage die Songs, die ich für die »Schweine« schreibe, in meinem Bauch. Alte, schwere, schaurige Säuglinge, die mir das Leben aussaufen. Ich habe nur eine Angst: daß mir etwas auf den Kopf fällt, das Dach oder ein Flugzeug, ehe ich diese Monster zur Welt gebracht habe. Vielleicht ist es keine Angst, sondern ein Wunsch.

*

»Teveren ist scheiße / die Fans, die sind schwul / der Trainer ein Arschloch / wir siegen fünf null.«
»Die Fans von Teveren dachten bestimmt, wir wären asozial, so haben wir uns benommen!« erzählt Kalle Brockly stolz nach dem ersten Spiel der Stadtmeisterschaft über seine Mannschaft »Alte Socke«.
Martin spielt auch darin mit. Ein bißchen deshalb hab ich mir mit Achim das Spiel angeguckt. Aber Martin war nicht da. Ich schäme mich halb dieses verstohlenen Suchens und Guckens nach ihm. Ich glaube nämlich nicht, daß ein Junge ein Ausweg sein kann, und auch nicht, daß ich Martin wirklich besonders mag. Ich will nicht sagen, er wäre nicht liebenswert. Was ich, glaube ich, zu sagen versuche, ist, daß alles falsch gesehen wird. Es ist alles permanent falsch. Aber mein Gehirn reicht nicht aus, das Bild schärfer zu kriegen. Ich muß unwissend weitermachen.
In eine blöde Situation hat uns unsere Geburt da hineingebracht.

Wir trafen Norbert in seinem Auto, das er so geparkt hatte, daß er aus dem Fenster aufs Spielfeld gucken und dabei kiffen konnte. Er grinste verlegen. Er hatte sich seine Lippen geschminkt, ein schüchterner Versuch, auszuflippen, Sehnsucht nach was anderem, Wildem zu zeigen. Und Enttäuschung von dem, was ist. Denn Kurt, der »Alte Socke« trainiert, hatte ihn nicht zum Spiel eingesetzt, weil er nie zum Training kommt. Norbert mühte sich ab, das zu verarbeiten.

Er versuchte es mit Alkohol. Das hilft nicht, aber es verändert einen im Innern. Die Dinge kommen in Bewegung, torkeln durcheinander, schwappen aus dem Mund als Worte oder Kotze. Das Gehirn rauscht, so daß man seine Gedanken kaum noch hören kann, wie am Meer. Und obwohl man alles in sich versagen und abstürzen fühlt und läßt, geht die Welt nicht davon unter. Man kann die Kontrolle verlieren, ohne davon zu sterben. Das macht Mut. Tut gut. Alles ist egal.
Ich war nicht Norberts Freundin und brauchte mich nicht zu schämen für ihn und ihm nicht das Weitersaufen verbieten, um etwa zu zeigen, daß ich mich kümmere und anders bin als etwa die, die eigentlich Spaß haben, wenn alle breit sind und schwanken. Man müßte sich unheimlich anstrengen, um für einen Jungen das zu sein, was Bier für ihn ist. Mir ist nicht nach solchen Anstrengungen.
Vor dem »Saftladen« guckte ich wieder, ob Martins Motorrad da ist. Ob es da ist oder nicht, ändert nichts. Es war aber da.
Ich ging rein. Ohne Erwartungen, darauf achte ich. Ich lebe nicht mehr sehr, habe ich mir jetzt wirklich angewöhnt. Ich existiere nur noch nebenher. Man kann mir mal auf dem Weg zur Theke auf den Hintern klopfen. Man kann mich auch gerne mal am Arsch lecken. Ich lebe mein Privatleben hier an der »Saftladen«-Wand. Die können gern alle an mir vorbeirauschen, hin zur Theke, weg zum Klo, egal. Was mich wundert, ist die Gier. Wenn es doch sowieso klar ist, daß die Jungen sich hier besaufen wollen, könnten sie es doch auch langsam angehen. Aber sie stürzen das Zeug in sich hinein wie Eimer, wie Harakiri. Als würden sie Schwerter schlucken. Das Bier schneidet durch sie und soll allem den Garaus machen, sofort. Ex, Exit, Exitus. Ich beobachtete angespannt einen jungen Soldaten, der auf einem Hocker an der Theke um seinen Schwerpunkt herum trudelte und schwer zu atmen hatte. Wenn er an seinem Bier trank, sah es aus, als würde er in die Flasche kotzen, statt aus ihr zu trinken. Aber er hielt sich.

Martin sah mich stumm an.
Er saß neben meinem Bruder auf den Stufen, zufällig, ohne daß sie sich aufeinander bezogen. Ich nahm Achim zum Vorwand, mich zwischen die beiden zu setzen, und redete mit Achim. Aber dann ging Achim, und ich wußte nicht, wie lange ich jetzt noch sitzen bleiben sollte. Zum Reden mit Martin fiel mir nichts ein. Alles hätte blöd geklungen und nicht mal mich selber interessiert. Länger als 3 Minuten hielt ich es nicht aus, dann stellte ich mich zu Kurt. Ich erzählte Kurt Geschichten aus dem lustigen Film, vom Nachmittag, den ich gesehen hatte, bis ich merkte, daß Kurt sie gar nicht so lustig fand und daß sie wirklich nicht besonders lustig waren.
»Ich kann das nicht so erzählen, du hättest es sehen müssen«, sagte ich. Kurt nickte lieb.
Manchmal will ich so nah an ihn heran, wie es gar nicht geht und wie ich es an seiner Stelle auch nicht haben wollte. Wie es vielleicht auch nicht sein muß. Man kann eben nicht in einem andern verschwinden, scheint es. Man kann gar nicht mehr verschwinden, wenn man einmal da ist, scheint es. Ab dann darf die Welt was von dir verlangen, und du mußt die Verantwortung übernehmen für den Fehler, den deine Eltern da gemacht haben, und alles richtig und dankbar frohen Herzens machen, damit sie sich nicht so schuldig an dir fühlen.
Während du dich versagen fühlst, allem gegenüber, die ganze Zeit.
Ich verstehe gar nicht, weshalb ich trotzdem nicht eingehe. Weshalb ich trotzdem weiter laufen und saufen kann. Es ist nicht zu fassen. Bißchen Geld und Glück, und du bleibst im Spiel. Aber die Leute sind stolz darauf, als wäre es eine große Leistung. Dabei lebt selbst Hugo, der alte Schmierfink, der so dumm ist. Sogar er kriegt das hin, mit allem Drum und Dran sogar. Macht Sex –: seine Frau kriegt Kinder. Geht arbeiten –: sein Chef gibt ihm Geld.
Und ich laufe an der »Saftladen«-Mauer lang und suche mein Loch, in dem ich verschwinden kann.

Vielleicht liegt der Sinn des Lebens nicht unten, sondern oben. Vielleicht übersehe ich ihn, weil ich immer unten wühle.
Das gefiele manchen Leuten.
Aber mir nicht. Der Sinn liegt unten, daran glaube ich fest.
Laß dich nicht beirren, Baby.
Markus, Hartmuts kleiner Bruder, hört sich so Zeug von mir belustigt an, aber er hält lieber seinen Mund dazu. Er ist einer der verspotteten Gymnasiasten. Ganz am Anfang dachte ich, die Abneigung gegen »Intellektuelle« im »Saftladen« hätte vielleicht Gründe. Die Leute hätten sich mit dem Thema befaßt oder schlechte Erfahrungen gemacht. Aber nein. Sie kennen gar nicht richtig, was sie hassen. Sie tun nur so.
Das ist vielleicht eine blöde Einstellung, muß ich sagen. Es ist wie mit den »Gastarbeitern«, über die im Moment allseits »diskutiert« wird, dabei kennt kaum einer welche persönlich, habe ich festgestellt.
Beim Rübenhacken waren zwei Gastarbeiter dabei. Sie waren aber Männer, also dachte ich, ich dürfte zu ihnen nicht so richtig freundlich sein. Man sagt, Männer meinen dann, man mache sie absichtlich heiß, und fühlen sich verarscht, wenn man dann nicht mit ihnen schläft. Gut, dachte ich, gibt's eben keine richtige Freundlichkeit, besser so? Und hackte meine Reihen stumm an ihnen vorbei, ohne zu erfahren, wie sie wirklich waren. Ohne Freundlichkeit auch nur versucht zu haben.
Wenn man diesen Krampf da sieht, der da in einem und anderen oft abläuft, ist es ein echtes Wunder, daß Zuneigung überhaupt manchmal noch gezeigt und erwidert wird. Daß man tatsächlich eine Antwort auf eine Frage kriegt, ein Lachen auf einen Witz, ein Lächeln auf ein Lächeln. Selbstverständlich ist das nicht.
Markus sagte, ich sähe wie ein Mauerblümchen aus, wie ich abends so im »Saftladen« an der Wand stehe und mich fürchte.
Mir wäre lieber, ein 17jähriger wäre noch so mit seiner

eigenen Verlegenheit beschäftigt, daß er gar nicht bemerkt, daß bei manchen Leuten irgend etwas das Anwachsen eines erwachsenen Selbstbewußtseins verhindert.
Mark schminkt seine Augen und zieht weiße Sachen an. Er ist stolz, daß er sich keine Jeans anzieht wie alle anderen. Seine Interessen haben Niveau, und er ist tatsächlich beinah ein kultivierter Junge, fast sogar ein junges Mädchen. Er streicht sein Haar anmutig hinters Ohr und kichert vergnügt.
Aber dann hat er mir doch, trotz meines Protestes, vorgeführt, wie er seinen Schneidezahn aus dem Zahnfleisch raus und rein machen kann. Er ist darin leider nicht besser als Joe und Bernie mit ihren Muskeln und Tattoos oder Freunde meines Vaters, die beim Essen aus Humor mit dem Gebiß klappern und selbstironisch von ihren Prothesen reden und sagen:
»Zum Saufen braucht man die Zähne nicht rauszunehmen. Aber zum Kotzen nachher.«
Ich hatte inzwischen einen Schwips und wollte geküßt werden, aber ich verbarg es, und es verging mir auch ein bißchen nach Marks Vorführung.
Einige andere Mädchen sah ich auch innerlich traurig betteln und die Flaschen küssen. Wahrscheinlich glaubten auch sie, keiner merkte ihnen was an. Wahrscheinlich merkte auch wirklich keiner was. Kußmäßig ist hier nichts drin für Mädchen. Da muß man schon nach Aachen fahren. Aber die Folgen. Andrerseits: die Ursache! Das muß unaufhörlich gegeneinander abgewogen werden. Während man es tut oder nicht tut.
Später ließen sie den neuen Mix der »Schweine« laufen, und es klang doch gut. Ich hatte von Anfang an gesagt: Man muß das laut hören.
Jetzt tanzten die Leute dazu und sangen mit.
Dann lief »Paul ist tot« von den »Fehlfarben«, und sie standen still und grölten sentimental mit:
»Was ich haben will, das krieg ich nicht! Und was ich kriegen kann, gefällt mir nicht!«
Es sah so aus, als spräche ihnen das wirklich aus den Her-

zen. Aber man kann nicht mit ihnen darüber reden. Kalle sang auch mit; bei ihm wußte ich, wieso.
Suse, das Mädchen, in das er verliebt ist, war nämlich unerwartet im »Saftladen« aufgetaucht, direkt nach ihr aber auch leider dirty old Hugo. Hugo ist 60 und ein »Original« im »Saftladen«, weil er mit den jungen Leuten säuft und schmutzige Geschichten erzählt. Hugo hat eine unbeirrbare, lästige Sympathie für Kalle. Er ist wie Kalles Mephisto. Der Schatten, den man nicht los wird. Der obszön geifert, wenn man romantisch wird. Der seine Zähne rausnimmt, um zu kotzen, wenn man küßt. Der doof ist, wenn man versucht, intelligent zu sein. Hugo hängte sich an Kalle, und Kalle wurde ihn nicht los, obwohl er ihn nicht haben wollte. Und Suse ging daraufhin, obwohl Kalle sie so haben wollte. Kalle, mir graut vor dir. Es war alles wie in »Faust« von den »Fehlfarben«. Jedenfalls habe ich den Hergang so empfunden.
Am Abend sollte dann noch innerhalb des Merksteiner Stadtfestes Erik Silvester im Zelt spielen.
Wir gingen hin, um durch die Zeltlöcher zu gucken und zu lästern.
Die Zeit vertreiben, indem man sie verschwendet. Warum nur? Die Hoffnung auf ein interessantes Leben außerhalb meines Zimmers macht mich unruhig.
Ich erlaube mir nicht, zu sagen: Merkstein ist tot. Hier ist nichts für mich zu holen.
Ich will Merkstein nicht unrecht tun. Ich denke immer, es liegt vielleicht bloß an mir. Also versuch's noch mal.
Aber es brachte natürlich nichts Konkretes.
Der Schocker ging an uns vorbei, seltsamerweise mit Eintrittskarte.
Immer stehen vor Festzelten Pfützen.
Die Johanniter lehnten an ihrem weißen Auto und soffen. Später sind viele zum »Gruppo Sportivo«-Konzert nach Aachen gefahren, dann zurück zum Laden, weitersaufen. Aber da war ich schon nicht mehr dabei. Dann hat Martin einem Jungen seine Bierflasche ins Gesicht gehauen. Es hat feste geblutet.

Martin tat das für seinen Stolz. Sich messerscharf fühlen und kräftig. Sich nicht beleidigen lassen, und alle bestätigten ihm: »Der Typ hatte es aber auch schon lange verdient.« Aber es hat doch geblutet.
Na ja, Silvia.
Er ist nicht daran gestorben. Er wird eines Tages sterben, aber vielleicht erst mit 80. In dem Alter hat man meistens sowieso keine Lust mehr auf sich und aufs Leben. Man will dann auch mal was anderes machen und jemand anderen kennenlernen. Aber diesmal haben sie ihn vielleicht bloß in der Notaufnahme wieder zugenäht mit drei Stichen, von denen er jetzt seinen Freunden und seiner Familie erzählt. Die Johanniter hatten was zu tun, ist doch schön. Alle hatten ein Erlebnis gehabt. Hatten in ihrem Käfig was geboten gekriegt. Kreischen und Flattern. Ist doch gut. Schlaf.

*

Ich hörte, den Schocker haben sie am Bahnhof gefunden und in die Nervenheilanstalt gebracht.
Am Morgen hatte ich ihn an der Post getroffen. Er erzählte mir, daß er auf einen Geldbrief warte.
»... und dann: Go West!« sagte er und grinste. »Nach Heerlen, klar?«
Heerlen liegt gleich hinter der Grenze, in Holland, großer Drogenplatz.
»Ich schreib dir einen Text«, hatte Joe mir noch versprochen. »Einen wilden.«
»Okay«, hatte ich noch gesagt.

*

»Der Sound ist Scheiße! Viel zu viele Höhen, mickrige Mitten, keine Bässe.«
»Da brauchten Mecki und Peter uns nicht extra in ein Studio für 800 Mark am Tag zu tun.«
»Hör mal! Hörst du was? Ich hör mich gar nicht.«

Kurt und Kalle hören den neuen Mix der »Schweine«-Aufnahmen noch mal intensiv. Diese Jungen haben keine normalen Ohren mehr, sondern ich weiß auch nicht.
»Du hast eben keine Ahnung, Silvia!« sagt Kalle. »Du mußt nicht immer überall mitreden wollen, wo du nichts von verstehst.«
Jungen wie Kurt und Kalle müssen die Vorgänge so kritisch und skeptisch betrachten. Sie fühlen sich erst sicher, wenn sie sich ihre irritierende Freude verdorben haben. Die Dinge machen ihnen Angst, deshalb nehmen sie sie so ernst. Kurt und Kalle zweifeln an sich, am Erfolg, an mir. Sie ziehen ein schiefes Gesicht, wenn sie meine Texte hören. Sie fordern lustige Texte, lustiges Bühnenverhalten.
Ich nehme das als Training für das Unverständnis, das mir bestimmt noch oft begegnen wird: Ich bin Leuten peinlich. Ich würde meinen Musikern meine Texte erklären, wenn sie das wünschten, aber sie interessieren sich eigentlich nicht dafür. Sie sind nur nervös. Sie suchen schon jetzt den Grund, weshalb es vielleicht nicht klappen könnte mit der Karriere. Sie suchen die Schuldige. Cherchez la femme. Put the blame on Mame.
Dabei liegt's oft bloß an Zufällen, Trends, laschem Zuhören entscheidender Leute.

Kalle ist jetzt als Schlagzeuger bei uns eingestiegen; Hartmut wollte nicht mehr. Er würde nicht eines Plattenvertrages wegen in einer Band ausharren, in der jemand wie ich mitmachte. Dafür hätte er zuviel Charakter. Es täte ihm leid wegen der anderen in der Band, denn die wären Super-Musiker und würden sich unter Wert verkaufen. Aber ich wäre unfähig und wollte trotzdem immer, daß alles nach meinem Kopf geht.
Hartmut ist auch das Konzept der »Schweine« zu trivial. Er will richtige Rockmusik machen, mit jemandem, der richtig singen kann.
Kalle kann sehr gut Schlagzeug spielen; er ist eigentlich

sogar Hartmuts Lehrer und war früher mit Kurt in der legendären Band »Nowhere Men«, die sich aufgelöst hat. Das Problem ist jetzt nur, daß Kalle sich mit Jimi Hendrix, Elvis und Joe Cocker identifiziert und auf keinen Fall dieselben Fehler machen will wie sie. Aus diesem Grund weigert er sich, den Plattenvertrag zu unterschreiben.
»Die können dann mit dir machen, was sie wollen. Du bist praktisch deren Eigentum.« Und: »Was für ein Cover? Darüber brauchen wir uns doch keine Gedanken machen, das bestimmen ja doch die.«
Dann haben sie unsere Aufnahmen mit denen ihrer früheren Band »The Nowhere Men« verglichen, bei der ich nicht dabei war.
Bei den »Nowhere Men«-Aufnahmen hat die Snare einen viel deutlicheren Sound, stellten sie fest. Sie waren damals mit genau dem Sound auch unzufrieden gewesen, weiß ich noch. Aber ihre alten Aufnahmen werden immer besser, je weiter wir mit unserer Schallplatte vorankommen. Ihr Sänger war auch besser: selbstsicherer, lauter, männlicher. Alles, was ich nicht bin.
Ich weiß nicht.
Sound. Ich liebe Höhen, glaube ich. Ich könnte genausogut sagen: ich liebe Bässe, denn es ist mir irgendwie egal, und ich verstehe wirklich nicht viel davon.
Kalle sorgt sich, daß es bei unseren Aufnahmen nicht deutlich genug wird, wie gut er Schlagzeug spielen kann. Ich hab da gut lachen. Mein Gesang klingt im Studio viel besser, als ich in Wirklichkeit singen kann.
Bald kommt die Platte raus. Das wird noch eine Aufregung! Alles wird verkehrtrum gepreßt sein, und die Rillen durcheinander. Alles muß noch mal zurück ins Werk. Danach wird es immer noch nicht besser sein, aber dann ist es nicht mehr so wichtig, denn die Platte soll endlich raus. Die Journalisten werden uns mit Bands vergleichen, die wir nicht kennen, und sagen: »Die ›Schweine‹ sind viel schlechter.«
Dann müssen wir auf Tour.

Nachher ist man ein Wrack, sagen die Jungen. Raus springt dabei höchstens 'ne halbe Mark. Von diesem ersten Tantiem kauf ich mir dann ein Plektron. Kurt verkramt die immer.

*

Jetzt, da Kalle als Drummer bei uns eingestiegen ist (ich berichtete darüber), hat ihm sein Freund Mike Pilarski vorgeworfen, er würde sein Mäntelchen nach dem Wind hängen. »Erst ziehst du über die ›Schweine‹ her, und jetzt machst du auf einmal mit. Die brauchen nur mit einem Plattenvertrag zu winken. Dabei ist der ein Witz. Die ganze Band ist ein Witz. In 0,nichts sind die weg vom Fenster. Sie sind Eintagsfliegen.«
Wir hatten mal viele Eintagsfliegen auf unserem Fenster krabbeln, auf der Scheibe. Mama fand das unerträglich. Kurt kam auf die Idee, sie mit dem Staubsauber wegzusaugen. Ich fand das unerträglich.
Aber mich können auch viele nicht leiden.
Selbst Kurt macht mir manchmal Vorwürfe.
Ich nehme sie mir sehr zu Herzen. Aber ich kann mich trotzdem nicht wirklich ändern.
Es ist schwer, als der Teufel auch noch zu gelten, für den man sich selber sowieso schon hält.
Man sehnt sich doch nach Freispruch, Schonung.
Man könnte sagen »Liebe«, aber ich habe mir vorgenommen, dieses Wort möglichst selten in diesem Buch zu erwähnen. Dafür kommt dauernd »wirklich« oder »wahrscheinlich« vor, oder? Immer das, wovon man die wenigste Ahnung hat.
Niemand findet es tapfer von mir, daß ich wie ein normaler Mensch mit meiner Familie in diesem Restaurant hier sitzen kann.
Aber es ist tapfer.

*

Spätestens seit Hartmut bei uns ausgestiegen ist (man erinnert sich), redet er schlecht über mich, und ich glaube ihm. Irgend etwas ist meistens an solchen Gerüchten dran. So wie er mich schildert, kenne ich mich zwar nicht, aber ich zeige mich mir ja auch nur von meiner besten Seite, weil ich so verliebt in mich bin und mir gefallen möchte. Wenn der Rausch verflogen ist, werde ich mich kennenlernen, wie ich wirklich bin, und die Faszination, die ich einst auf mich ausgeübt habe, nicht mehr verstehen.
Wenn Hartmut nachts, vom üblen Nachreden aufgeregt und aufgedreht, vom »Saftladen« nach Hause kommt, bedauert er es sicherlich, daß da niemand ist als sein Bruder Markus, an den er was loswerden könnte. Es ist für ihn sicherlich etwas wie Perlen vor die Säue, denn offiziell, und oft genug groß kundgetan, hält Hartmut von seinem Bruder überhaupt nichts.
Markus hat vielleicht den Abend ruhig zu Hause verbracht. Er hat sich damit beschäftigt, zu werden, was die Merksteiner verachten. Er hat vielleicht etwas Gutes gelesen, gute Musik gehört. Mark ist einer der wenigen Jungen in der »Saftladen«-Szene, die das vielleicht heimlich tun. Mir gefällt das, aber unsere Wege laufen nicht zueinander, ich habe ständig mit ganz anderen Leuten zu tun als mit ihm. Vielleicht geht er oft in den »Saftladen« mit dem Vorsatz, sich diesmal wirklich mit mir zu unterhalten. Aber dann tut er das doch viel eher mit seinen vielen Schulfreundinnen. Es sind nicht nur gemeinsame Interessen, die Menschen zusammenführen. Der Schöpfer hat da noch was anderes im Sinn. Aber er läßt sich nicht in die Karten gucken.
Weil er blufft.
Dieser Verdacht kommt mir immer wieder.
Markus hat vielleicht seine Topfblumen gepflegt. Ich finde es schön, wenn ein Junge Pflanzen pflegt. Aber das Gegenteil kann mir genauso gefallen.
Kommt auf den Jungen an.
Auch sonst trifft alles, was ich über Menschen mit Sternzeichen Krebs gelesen habe, auf Markus (Krebs) zu.

Krebse kochen gern. Sie haben schön eingerichtete Wohnungen. Aber im Umgang mit anderen sind sie sehr mal so – mal so, so daß man nie weiß, woran man mit ihnen ist, und sich kein rechtes Bild machen kann. Man ist sich so nie sicher, ob man nicht ihrer Meinung nach was falsch gemacht hat. Einem Menschen, der meiner und andrer Leute Meinung nach so viel falsch macht wie ich, nimmt das die Chance, seine Fehler wieder gutzumachen, und stürzt ihn in Zweifel und Schuld.
In dem Buch stand auch, daß Krebse Löwen bewundern. Ich bin Löwe, aber mein Aszendent ist Krebs. Der Löwe will mich in Situationen bringen, aber der Krebs hindert mich. Er mag Situationen nicht. Der Krebs überredet den Löwen, zu Hause zu bleiben. Aber der Löwe ist dann sehr unruhig, weil er weg will. Aber der Löwe gehorcht, weil er findet, daß der Krebs cool ist, intelligenter und sensibler als er. Aber dann wieder glaubt der Löwe auch, daß es nicht richtig sein kann, immer so cool und intelligent zu sein. Dann zieht der Löwe doch los. Aber der Krebs klammert sich auf seinem Rücken fest und sagt ihm: »Vorsicht!« ins Ohr, aber zugleich hat er auch Spaß, daß was passiert, und er ist dabei. So verdrehen sich Krebs und Löwe zu einem komplizierten Gebilde, einem Problem. Wie sich Papier zu grotesken Formen krümmt, wenn es verbrennt. Das bin ich. Soll/muß ich sein. Wer hat sich das nur ausgedacht.
Markus sagt zwar, er ist »Schweine«-Fan, aber es scheint mir nicht ins Gesicht, daß er mich bewundert. Vielleicht hält er mich aber für stark und selbst-tätig. Als brauchte ich keine Hilfe, keinen Rat, keinen Schutz. Das ist sehr daneben, aber man glaubt das leicht von einem andern. Wenn man ihn so sieht, wie er so lebt, das sieht so leicht aus. Und man selber weiß, man hat es schwer. Dann fühlt man sich vielleicht minderwertig, neidisch. Die Kacke nimmt ihren Lauf.
Den Bach runter.
In die Hose.
Es sind viel öfter nur ihre Vorstellungen als wirkliche Erfahrungen, die die Menschen beeinflussen.

Daß wir hier eigentlich von Hartmut sprechen wollten, paßt dazu nicht mal schlecht.
Hartmut hat eigentlich keine schlechte Laune, als er vom »Saftladen« nach Hause kommt, aber er zeigt das seinem Bruder nicht, er fände das zu liebevoll und tuntig, einem Mann gegenüber! Naja, ›Mann‹ ... ob der mal einer wird.
Hartmut mimt den Angekotzten. Er macht sich 'ne Pulle auf und schmeißt sich aufs Sofa.
»Die Arschlöcher können mich mal am Arsch lecken!« sagt Hartmut, ohne Rücksicht auf meine arme Phantasie, die solche Formulierungen sofort zu illustrieren versucht.
»Wen meinst du?« fragt Markus.
Hartmut antwortet darauf nicht. Er möchte nicht den Eindruck erwecken, er unterhielte sich mit seinem blöden Bruder. Er möchte sich vorkommen, als spräche er nur vor sich hin, ins Leere.
»Die ›Schweine‹, das sind Wichser. Und der alten Szymanski tachel ich bald mal eine, wenn sie nicht aufpaßt. Ich bin der friedlichste Mensch, aber ich verstehe nicht, wie Kurt es mit der eingebildeten Kuh aushält. Die braucht dringend mal was hinter die Löffel, sonst meint sie, sie könnte alles mit einem machen. Die hetzt alle auf. Scheiße, ich wüßte gerne, was die mit der Gage von Marburg gemacht haben. Hab ich keinen Pfennig von gesehen. Ich unterstelle so was niemandem, ich hab gesagt, vorbei, reden wir nicht mehr drüber. Aber die Sache ist faul. Ich hab keinen Bock, mich von allen verarschen zu lassen. Auch was unsere liebe Mutter betrifft: Hast du eigentlich eine Ahnung, ›was sie mit dem Kostgeld macht, das ich ihr zahle? Hast du schon mal irgendwas gesehen, was sie davon gekauft hätte?
Irgendeine Rechnung, einen Beleg? Ich bin wirklich kein mißtrauischer Mensch. Aber verarschen kann ich mich selber.«
Es kostet Hartmut viel Selbstbeherrschung, so zu reden. Er versucht, auch die Gegenseite zu sehen und gerecht zu bleiben. Nur aus Übung; nicht, daß sie es verdient hätten.
Hartmut zieht sich eine kräftige Nase Rotze ins Hirn.

Die Fotzen müßte man in den Arsch ficken, bis sie Wichse kotzen. So hätte Hartmut sich auch ausdrücken können. Er ist jetzt stinkesauer.
Was wird Markus dazu sagen?
Vielleicht ist er auf meiner und seiner Mutter Seite.
Aber er darf es nicht sagen, sonst verhaut ihn Hartmut. Das tut er wirklich manchmal.
»Wenn er es verdient hat«, sagt Hartmut. Er ist fair und warnt:
»Wenn du jetzt nicht mit deinen Sticheleien aufhörst, fängst du dir wieder eine, klar?«
Dann sagt Markus:
»Das sind wohl die einzigen Argumente, die du hast.«
Und dann kriegt er eine reingehauen.
»Nachher ist er wieder friedlich. Dann hatte er, was er brauchte. Der Klugscheißer«, erzählt Hartmut und ist stolz darauf.

*

Vielleicht hilft es, sich vorzustellen, daß alle zu 65 % aus Wasser bestehen? Es ist doch bloß Wasser! Natur. Es fließt und ist frisch. Kommt wie Engel vom Himmel und nimmt Schuld auf sich an der schlechten Laune der Leute. Damit Wasser nicht friert, haben Menschen eine Körpertemperatur.
Die Leute sehen in diesem sommerlichen Regenwetter verbiestert aus und werden reihenweise krank. Sie wünschen, sie wären nicht da, deshalb ziehen sie sich so unauffällig an, daß sie fast unsichtbar sind.
Auch ich mag mich nicht mehr im Spiegel; mein Zeug steht mir nicht mehr. Meine Kleider sind schmutzig, häßlich, voller Mottenlöcher.
Ich müßte mal zum Friseur, aber alle Friseure in Merkstein sind in Urlaub. Die haben sich nicht abgesprochen.
Ach, ich bin häßlich, Spiegel, ja, ne? Ich bin häßlich. Ich hasse mich.

Häßlich, weinerlich und geil.
Häßlich, weinerlich und geil ist eine Kombination, die keiner will.
Alles wirkt tot in diesen nassen Sommerferien. Stillgelegt, wie 12 Uhr mittags. Viele Läden haben zu, und im Co-Op dauert es unheimlich lange, bis der Fleischermann kommt, und man endlich dran ist. Im Hintergrund der Waren laufen Titel, die es auf der Welt nirgends mehr sonst zu hören gibt, hoffe ich. Aber ich muß sagen: sauber abgemischt. Hervorragender Sound, und es gibt nichts Wichtigeres auf der Welt der Musik.
»Ein schlechter Sound zerstört alles«, sagt Kurt. »Das kann uns auch passieren.«
Ich weiß es. Ich will es vergessen. Ich möchte glauben: alles wird gut, weil ich mich gut gefühlt habe im Studio. Aber in meinem Horoskop stand:
»Der Erfolg wird noch auf sich warten lassen. Hoffen Sie nicht zu sehr!«
Und Kurt sagt: »Genau! Weil nämlich die Platte schlecht wird.«

Gestern war Peter bei uns. Seine Zigarettenkippen sind jetzt in unserem Aschenbecher. Ich rieche gern daran. Sogar in die Telefonnummer »unserer« Plattenfirma bin ich verliebt und gucke zärtlich mein Telefonbuch an, in dem sie steht.
Bei geschäftlichen Besprechungen wie gestern wirken alle traurig. Bei Geld hört die Freundschaft auf, man merkt das so richtig. Ich verstehe nichts von Geschäften, denn ich habe keine Lust, allen fremden Menschen zu mißtrauen. Ich trank zuviel, entgegen meinem Vorsatz, mich nur noch in Gesellschaft geistig Unterlegener zu besaufen, die keinen Niveauabfall bei mir merken könnten. Ich bekam wieder Schwierigkeiten, meine Sehnsucht unter Kontrolle zu halten. Ich bemerkte den Unterschied zwischen den Gesprächen und meinem Körper. Ich merkte meine Haut und meine von Mücken zerstochenen Beine, ich merkte, ich bin ein betrunkenes Mädchen,

kein Geist. Ich fühlte mich sexuell, aber konnte nichts damit anfangen.
Ich bin einfach schlecht eingestellt. Ich bin unbeschreiblich dumm und werfe alles durcheinander, wie ein kaputter Regler am Mischpult.
Es ist eine typische Düsseldorfer Übertreibung, wenn Peter sagt, er fände uns toll. Man macht das so in der Szene, weil es ein schönes Licht wirft, auf den Begeisterten und auf die Ware, die er verkaufen will.
Ich verstehe Mecki und Peter immer noch nicht. Wissen sie nicht, daß unsere Platte schlecht ist und daß wir gar keine richtigen Neue-Deutsche-Welle-Musiker sind?
Und doch wird unsere sauschlechte Doof-Platte bald in den NDW-Kästen der Plattenläden stehen und wie selbstverständlich dazugehören, weil sie so tut als ob.
Heute stand im »Sounds« eine wohlwollende Kritik über sie. Ich wollte das Kalle erzählen, als wir ihn gerade hier im Co-Op getroffen haben. Aber Kalle wollte sich nichts von mir darüber erzählen lassen und winkte ab.
»Ja, ja«, sagte er einfach dazwischen, und zu Kurt: »Ich möchte endlich mal wieder anspruchsvolle Musik machen.« Die Weintrauben, die sie einem verkaufen wollen, stinken und sind teuer. Die Nudeln ringeln sich in den Zellophanpackungen.
Heute mach ich Nudeln und besauf mich.

Im Traum gestern nacht kamen wir in eine Stadt. Achim fand eine Wohnung, Kurt auch, zu klein, ich konnte nicht mit rein. Endlich fand ich auch eine für mich, aber sie war so kompliziert zu erreichen, über wacklige, schwindlige Hühnerleitern und eine absurd eingebaute Tür, durch die man fast gar nicht durchkonnte; ich kam selbst auch nicht rein.
In einem andern Traum spielte ich in einem Film mit, aber der Regisseur sagte nicht, was wir tun sollten. Wir sollten das selber wissen oder spüren. Doch das führte nur zu einer laschen, unambitionierten Verwirrung bei den Schauspielern. Manche taten, als ob sie's wüß-

ten. Aber ich wollte die Bedeutung spüren, nicht Regeln und Tricks. Dann schlief ich vor Langeweile im Traum ein.

Vielleicht sollte ich versuchen, mich zu beruhigen und mich einzufügen, wie man sich in einen Fluß begibt, sich in den fließenden Verkehr einordnet.
Mama würde das empfehlen. Mama hat eine einfache Freude an dem alltäglichen Zusammenleben mit anderen.
Ich finde ihre Bemühungen, die private Welt in Ordnung zu halten, zwar übertrieben; für mich braucht nicht immer alles so harmonisch und lieb zu sein. Aber Mama kann sich in dieser leichten, geordneten Welt, die sie schafft, entspannen und anregen lassen.
Gerade stöbert sie im Laden herum und checkt aus, was sie demnächst kaufen wird, wenn sie es herabsetzen.
Sie möchte Ersatztassen kaufen, die zu ihrem Service passen, und bittet mich um Rat:
»Guck mal, Silvia!« sagt sie nachdenklich und dreht eine Tasse in ihrer Hand. »Wenn die jetzt noch größer wäre, und weiß statt braun, dann wäre sie schon die richtige.«
Ich muß etwas gegen die Weinerlichkeit tun, die mich würgt. »Hör mal, Mama«, sage ich, »ich geh mir mal eben einen Rollkuchen kaufen, ja? Bis gleich. Tschüs.«
Zucker beruhigt die Nerven. Gönn dir was, und iß was Kuchen. Das gehört zu den vielen Dingen, die ich tue wie die andern, obwohl sie bei mir gar nicht wirken.
So habe ich mir das Rollkuchen-Ritual angewöhnt. Variationen: Weintrauben, Milchkaffee, Pudding. Gute, dicke Puddinghaut. Ich versuche, mich über was im Leben zu freuen wie andere. Ich möchte das Leben lieben. Ich möchte in mir feiern, daß mein Schicksal durchhält: immer noch arbeitslos! Ich bin vor kurzem beim Meditieren ja auf eine innere Stimme gestoßen, die mir tatsächlich sagte: Du brauchst nie mehr zu arbeiten.
Ich konnte es nicht glauben und habe noch ein paarmal nachgefragt.

Sie sagte:
»Ja doch. Jetzt nerv mich nicht. Wenn ich's doch sage.«
Das Schicksal schlägt tatsächlich noch immer nicht zu. Es hält mich zwar in Atem und bietet mir dauernd über das Arbeitsamt Stellen an. Sie verpuffen aber, gemäß der inneren Prophezeiung, im Nichts. Ich mache mir dennoch Sorgen, zwischen Arbeitsamteinladung und Absage vom Personalchef, denn ich glaube weder an innere Stimmen noch an eine freundliche Zukunft.
Dann rücke ich also meiner mundfaulen, unfreundlichen Zukunft den Stuhl zurecht, so daß sie mich anschauen muß, und sage angstvoll:
»Hattest du mir nicht versprochen, ich brauchte nie mehr zu arbeiten? Und jetzt?«
»Wie: ›und jetzt‹?« antwortet sie. »Arbeitest du denn?«
Noch nicht. Noch nicht.
Aber ich habe Angst, daß es doch noch soweit kommt.
Denn das Geld wird immer weniger. Das wird es ja meistens, weniger. Fließt woanders hin. Egal. Hauptsache, keine Arbeit.

Für den Rollkuchen mußte ich erst durch drei Bäckereien, die alle keinen mehr hatten. Der, den ich am Ende kriegte, war zu klein. Aber ich dachte: besser wie nix, und biß hinein. Ich zerdrückte den Zuckerguß zärtlich mit der Zunge, und dann dachte ich an Martin und fand mich wieder doof. Diese ganze doofe Martin-Geschichte. Sie bedrängt mich. Sie zwängt mich ein. Sie paßt nicht zu mir. Sie ist mir zu wenig, zu viel, zu klein. Nicht hier, nicht jetzt, nicht dich. Nicht was ich will. Nur ein Ersatz. Eine herabgesetzte Ersatztasse, die ich nicht brauche, was will ich mit einem Service? Es ist wie man einkaufen geht, Rollkuchen ißt, lustlos, aus Langeweile, ohne Glaube. Weil die andern es auch tun und weil es ihnen Freude macht, warum nicht auch mir? Ich will nicht, daß meine Gedanken zwanghaft kreisen und sich quälen um jemanden, von dem es gar nicht klar ist, daß er mir wichtig für mein Leben ist. Wahrscheinlich würde mein Leben

viel besser seinen Lauf nehmen, wenn es nicht immer irgendwo so festhinge. Aber ich mach das so. Ich bohre meine Gedanken in jemanden und denke, da ist ein Durchgang, da will ich reingucken. So ähnlich! Es ist nur so ähnlich. Es ist nie wirklich, wie ich's sage.
Ich traute mich kaum noch, den blöden Kuchen zu kauen.
»Scheiß auf Martin«, sagte ich mir. »Mach ein Ende. Schluck's runter.«
Dann tat ich's.
Und das hatte ich gut gemacht. Denn als ich die Straße runter kam, schlurfte mir Joe, der Schocker, entgegen, aus der Anstalt entlassen, hungrig und durstig. Er schnorrt mich immer wegen Kippen und Bier an, und gegen einen Rollkuchen hätte er sicher auch nichts gehabt.
Aber so, ohne Kippen, Kuchen, Bier, sah mich der Schocker gar nicht.
Das ist okay. Mir ist es auch manchmal zuviel, alle Leute zu grüßen, die ich kenne. Ich werde sowieso lieber von niemandem gesehen, mit dieser fehlenden Frisur hier.

*

Dem kleinen Jungen meiner Kusine habe ich jetzt beigebracht, er soll »Wie lange noch? Ich warte immer noch!« aus einem Text unseres Produzenten Tim rufen, wenn er nach Hause will, seine Oma aber nicht. Das klingt süß. Vieles ist süß und glänzt, und innen ist es hohl. Ich merke das sehr wohl. Aber ich lasse es mir in meinem Leben nicht anmerken.

»Noch muß Königin Silvia alle Kräfte zusammenhalten, um unter der schweren Krone mit den kostbaren Kameen das Gleichgewicht zu behalten. Seit Wochen war die junge Königin untröstlich: Sie konnte ihren kostbaren Diamantring nicht mehr finden!«
(aus: »Frau im Spiegel«, 1981)

Ich fühle mich schuldig für alles mögliche, für das ich nichts kann. Als könnte ich zaubern und hätte das nur aus Faulheit unterlassen. Und jetzt wäre ich schuld an allem, was schief läuft.

*

Oma schenkt mir jeden Tag eine alte Apfelsine. Sie wartet, bis die frisch gekauften alt sind, und dann fängt sie an, sie zu essen und zu verschenken und sich neue mitbringen zu lassen. Die müssen dann in ihrem Netz warten, bis die alten aufgegessen sind. Sie holen das niemals auf. Wenn sie zum Einsatz kommen, sind sie so verschrumpelt wie ihre Vorgänger.
Omas Apfelsinengeschenk ist auch bloß ein Vorwand, mir mit dem Obst in der Hand Bandwurmgeschichten über ihre verschiedenen Renten von nach dem Krieg zu erzählen, all die Reformen und Sparprogramme. Sie wird immer schneller, weil sie merkt, daß ich mich nicht mehr lange zum Zuhören beherrschen kann. Jedesmal tut es mir leid, daß ich vor ihr abhauen muß, aber ich muß doch Musik machen, schreiben. Während man eins tut, versäumt man alles andere.

Andere Menschen schreiben oft so quälend gut. Ich lese drei Seiten, und sie liegen mir wie ein Klotz im Magen und machen mich depressiv vor Bewunderung. Aus solchen Reaktionen sollen Kunstwerke entstehen können in manchen talentierten Leuten, aber was bei mir passiert ist nur, daß ich in meinem Kopf spiele, der Schriftsteller wäre der Junge aus dem Kaiserkeller, und Kalle und Kurt wären mich nicht abholen gekommen.
Kalle und Kurt, wie viele Jungen hier, lesen wenig, und wenn, dann Spannungsliteratur oder lustige, unverschämte Bücher mit viel Sex. Sie wollen lesen, wie und wo er sie überall rumgekriegt hat und was ihm dabei für komische Sachen im Kopf rumgingen.
Doch Erlebnisse aufschreiben wird unmöglich, wenn

nichts passiert, und Phantasien bleiben papieren. Für die Nerven besonders der Angehörigen eines Schriftstellers ist das besser, sonst müßte man ja nach jeder neuen erlebten und beschriebenen Geschichte Schluß mit seinem Freund machen, oder er mit einem. (Dieser Satz ist irgendwie vermurkst, aber ich bin ja schon wieder beim nächsten.) Nein, was ich sagen will, ist: Ich kann nicht verstehen, wie Literatur entsteht, ohne daß es Leichen gibt.

*

Alle Jungen, mit denen ich mich heute abend unterhalten habe, spielen mit Martin in einer Mannschaft Fußball, bei »Alte Socke«. Ich habe extra darauf geachtet. Es hätte kein Problem sein müssen, sich zu uns zu stellen. Aber das ist nicht geschehen.
Statt dessen ist es so gekommen, daß ich mit Achim auf den Stufen sitze und Freunde beobachte und kritisiere.
Das ist kein guter Abend. Auch Achim seufzt.
Auf seine Knie aufgestützt haben sich die Ellbögen eines jungen Mädchens, das ihm gar nicht so gut gefällt. Aber er kann praktisch nichts unternehmen, um aus dieser Situation herauszukommen. Sie wird nicht wissen, wie raffiniert ihr Unterbewußtsein das für sie eingefädelt hat. Achim kann sie nicht einfach wegstoßen. So ist man nicht, daß man es jemandem verwehren würde, sich auf die Knie seines Nächsten zu stützen, wenn man sich schwach fühlt. Sie sagt nämlich grade: »Guck mal! Heute abend stützen sich alle Leute irgendwo auf.«
Wir guckten rum, aber es stimmte gar nicht, was sie gesagt hatte. Eigentlich war sie sogar die einzige.
Jetzt hockt sie vor Achim und hört alles mit, was wir sagen, und fühlt sich wohl. Sie wird unterhalten, abgestützt, und er läßt sie sogar an seiner Bierflasche trinken.
Sie kann sich vorstellen, sie wäre Achim nicht gleichgültig, wo er ihr das alles doch erlaubt.
Vielleicht stimmt das sogar.

Achim und ich lassen uns in dem Punkt nicht viel voneinander wissen.
Ich sah zu Martin rüber und tat aus Langeweile wieder, als wäre ich in ihn verliebt. Lange Blicke. Er stieg sofort darauf ein. Durstig nach Liebe. Oder auch bloß Langeweile. Er machte nichts anderes mehr als gucken. Es war traurig.
Achim dachte, ich schaute so oft zu dem Jungen hin, weil ich ihn ätzend finde.
»Der sieht aus, was?« sagte er. »Diese Zwangsjacke, die er immer trägt!«
Und ich: »Ja, schrecklich.«
Ich sagte auch: »Der Kurt flirtet immer so viel mit anderen Mädchen! Aber wenn ich das täte!«
Aber Kurt war längst nach Hause gegangen. Und ich war immer noch hier.
Ein Punkt für Kurt. Für ihn sieht die Sache immer eine Kleinigkeit günstiger aus. Die Böse bin immer ich am Ende, denn ich bin die einzige, die am Ende immer noch da ist.
Martin ging zu seinem Sturzhelm.
Es ist mir ein Rätsel, ein Unsinn, warum mir so was im Herzen rumreißt. Was soll das denn geben. Was will ich mit den vielen Jungen, die sich innerlich bei mir die Klinke in die Hand geben oder sich zu dritt oder viert in meinen Herzkammern quetschen? Sollen die alle miteinander verschmelzen oder mit mir, etwa für alle Zeiten? Warum sollte man so 'nen Scheiß wollen. Sie würden sich niemals vertragen. Oder will ich vielleicht im Gegenteil, daß sie nicht verschmelzen, sondern daß ich zerfalle? In viele Teile, die ausziehen und sich ihre Leben mit Partnern aufbauen, statt sich in meiner engen Seele Kammern zu streiten, weil eins unter dem andern leidet?
Wie unwohl ist mir mit alldem. Ich bin mir zu eng, aber die andern auch.

Bekannte fragten mich, ob ich noch mit zu Siggi komme. Draußen sah ich Martin auf sein Motorrad steigen.

Bei Siggi hängen alle Wände voller Phantasy-Bilder, aber ich kann sie sowieso kaum noch erkennen. Ich bin zu beschwipst. Ich finde sie auch nicht so schlimm, geht schon. Weißt du noch, Siggi, wie wir letztes Jahr mal auch so besoffen waren wie heute, und du hast bei mir zu Hause »Fotos geguckt«? Es war dir peinlich nachher, aber es war auch toll in dem Moment, oder? Das meinte meine Chefin in der chemischen Reinigung bestimmt mit: »Das kann Ihnen nachher keiner mehr nehmen.«
»Man lebt nur einmal« nannten Mama und Onkel die Kekse, die sie abends vor dem Fernseher zusammen naschten.
»Man lebt nur einmal« würde ich ganz was anderes nennen. Steh jetzt lieber auf, Siggi, und leg eine Schallplatte auf. Leg auf ... die Ruts, okay. Fegt das Schwüle weg. Und jetzt noch reden.
Aber wir reden nur uninteressante Sachen. Ich bin auch zu müde.
Vielleicht hätte ich Martin fragen sollen, ob er mitkommen wollte.
Vielleicht hätte er sich das gewünscht, und ich habe ihn enttäuscht.
Ich könnte ihn nächstes Mal fragen: »Warum bist du eigentlich letztens nicht noch mit zu Siggi gekommen?«
Ich könnte damit so tun, als hätte ich es für klar gehalten, daß er eingeladen war dazu wie die anderen.
Dann würde er sich ärgern, daß er das nicht gemerkt hatte. So könnte er sich vorkommen, als würde er zu dieser Gemeinschaft von Freunden gehören, die sein Mitkommen für so selbstverständlich gehalten hatten, daß sie es nicht mal für nötig gehalten hatten, ihn zu fragen.
Außerdem würde er sich über meine Freundlichkeit freuen, ohne sie genau einordnen zu können und ohne sich deshalb mit Sicherheit etwas erwarten zu dürfen.
Es ist wirklich eine tolle Idee, diese Frage. Sie reinigt die Situation sofort und schont dabei die Oberfläche.

Meine Güte, bin ich besoffen. Aber toll, daß mir nicht schlecht davon wird.
Mir ist einmal schlecht davon geworden, vor zwei Jahren, auf einer Fete.
Ich hatte das noch am selben Abend für immer verdrängen wollen, aber mir wurde es doch am nächsten Tag wiedererzählt: daß ich zum Klo getorkelt wäre und daneben gekotzt hätte und nicht mal daran gedacht hätte, das aufzuwischen. Die Gastgeberin tat das fluchend an meiner Stelle; an ihrer Stelle hätte ich das auch getan, geflucht.
Ich habe immer gedacht, das Jüngste Gericht käme erst nach dem körperlichen Tod. Die Scham, die Schande. Aber Gott wartet nicht so lange. Gott quält und quält.
Ich habe mir seitdem fast zweitausend Jahre lang die Zähne geputzt, aber ich spüre den Makel, das Mal. Es bohrt ein Loch in alles. Es stellt alles in Frage.
Ich bin der Fliegende Holländer der Kotze.
Jetzt geh ich aber endlich nach Hause.

Sich einfach torkeln lassen oder versuchen, gegenzusteuern und grade zu gehen? Was verrät einen mehr?
Stärker als nüchterne Menschen bemerken Betrunkene die feinen Verlagerungen ihres Schwerpunkts, die ständig passieren, wenn man steht oder geht. Übermäßig erschrocken davon, versuchen sie übermäßig, dagegenzusteuern, und so führt gerade der Versuch, ein Unheil zu verhindern, in eben jenes.
Erstaunlich schön ist es draußen. Mond, Bäume: viel schöner als drinne. Warum ist man immer drinne?
Die Katzen lauern mit großen Augen unter den Autos.
Auch um diese Zeit stehen in den Telefonzellen noch Pakistaner aus dem Ausländerheim und telefonieren. Ich nehme an, es hat mit der Zeitverschiebung zu tun. Der Drehung der Erdachse. Oder? Ich bin da nicht so firm drin. Alles hat wahrscheinlich damit zu tun. Alles mit allem. Alles dreht sich darum, alles um alles. Bin ich geistreich, mir ist schlecht, ich muß dringend ins Bett oder vielleicht doch noch was brechen.

Die Pakistaner sehen leidenschaftlich aus. Sie hören, strahlen, reden in ihrer Sprache rasend schnell. Es ist erstaunlich und schön, wie sie sich in einer so völlig fremden Sprache verständigen können.
Vielleicht reden sie auch aneinander vorbei, wie Autos, die sich auf der Autobahn gegenseitig überholen. Vielleicht haben sie eine ganz seltsame Sprache, in der sie, um zum Beispiel »Auto« zu sagen, alles so blumig umschreiben müssen, so daß sie sehr viel reden müssen, um zu Potte zu kommen. Und der andere verliert dann die Geduld und fängt mit seinem Satz schon mal an, während der eine noch dran ist, wie im Radio, wenn sie mehrere Fußballspiele durcheinander schalten. Das macht Spaß, weil es hektisch und lebendig wirkt, bis es einen nervös macht.
Die Menschen wissen alle eigentlich gar nicht, was sie voneinander wollen. Warum sie sich einander mitteilen wollen. Aber vielleicht kommt es darauf auch gar nicht an.

In der Nacht zuckten meine Füße dann erst, und dann lösten sie sich von mir und gingen jeder in eine andere Ecke zappeln. Das geschieht manchmal mit meinen Gliedmaßen nachts. Es macht mir jedesmal Angst, aber etwas Schlimmes ist dabei noch nie passiert. Man sieht es nicht. Das Herz schlägt dabei absurd schnell, wie ein Trommelwirbel bei einer Zirkusattraktion.
Wenn man dann aufsteht und zur Toilette geht, kommt man sich vor wie ein surrealistisches Kunstwerk, wie so eine mobilé-hafte Gestalt von Miró etwa, mit dem Kopf unter den Armen, den Fingern neben den Ohren und den Füßen in einer fernen Galaxie. Man erwartet wie in einem Horror-Film, daß ein abgeschnittener Kopf einen anglotzt, wenn man den Klodeckel aufmacht. Oder daß man, in Scheiben geschnitten, zerfällt wie ein Ei im Schneider.
Aber das passiert nicht.

Dann schlief ich wieder ein und träumte, ich wäre ein Mann und fickte die Briefträgerin. Dabei dachte ich: »So ist es nichts. Man muß wenigstens verliebt sein.«
Auf den Felsen am Meer lagen kleine Spielzeugfernseher, in denen aufregende Filme liefen. Ich verlor zwei Backenzähne und war schwer entsetzt darüber.
Dann wachte ich vor Lachen auf.

Ich wollte aufstehen, aber ich habe mich sofort wieder hingelegt, weil mir meine Knie weh taten, vom Saufen im Stehen gestern abend, nehme ich an.
Die Nachbarn warfen ihre Mördersägen an.
Guten Morgen, Merkstein.
Meine Füße fingen mit dem Schwitzen an. Sie waren noch dran, oder wieder dran.
Aus der Wohnung gegenüber schaute der alte Mann mit todernstem, grauem Gesicht den spielenden Kindern zu.
Wer von beiden hat recht? Wieso frage ich das so oft?
Leute machen mich schon darauf aufmerksam.
Rosi unten bläkte mit einer Frau, die vor ihrem offenen Fenster stehengeblieben war, und erzählte ironisch aufgemotzt Geschichten von Karl.
Sie spielt immer alles so hoch.
Aber es stimmt, in der Nacht, kurz nach mir, war auch ihr Mann, Karl, aus der Kneipe heimgekommen. Schon auf der Straße hat er »Pünzjen! Pünzjen!« nach ihr gerufen. Wie kann ein Mensch so zärtlich und so glücklich nur vom Saufen werden, der krank ist und obendrein noch in einer Fabrik jeden Tag arbeiten muß? Mich rührt das.
Dann warf er seine neue Stereoanlage an und drehte alle Knöpfe auf:
»You can ring my be-he-hell, you can ring my bell«, Anita Ward. Ich dachte kurz daran, das Angebot wahrzunehmen, aber ich dachte auch, der macht das doch bestimmt nicht lang so laut, höchstens bis sein Schnitzel halb aufgetaut ist, damit er's halbwegs essen kann. So war es auch, aber bis dahin hatte er viel Spaß mit seinem Stereo,

drehte den Lautstärkeregler bis zum Anschlag, wenn die Synthie-Drums mit ihrem »Wuh! Wuh!« einsetzten, das ihn faszinierte. Ich hörte ihn tanzen und jaulen. Der verrückte Mensch.

Am Nachmittag hatte ich Lust, den Restalkohol in mir zu feiern, und ging ins Merksteiner Café, wegen Kakao und Zeitschriften. Ich schreibe da auch gerne. Die Leute lassen mich in Ruhe. Diesmal nicht.
Diesmal saß ein pennerhafter Mann von ca. 40 am Nebentisch und glubschte mich anerkennend an.
Er unterhielt sich, mit Seitenblick auf mich, mit seinem Freund extra laut, damit ich mithören konnte.
»Sag mir!« sagte er seinem Kumpel theatralisch. »Liebst du Blumen?«
»Nö«, brummte der Freund.
»Aber ich!« sagte mein Verehrer warm. »Ich liebe Blumen über alles. Und noch etwas liebe ich sehr: schöne Frauen!« Er verbeugte sich zu mir hin.
»Heute war Schlußverkauf, ne?« fragte der andere. Das Getue seines Bekannten nervte ihn. »Seh ich grade draußen. Heute ist doch der 21.?«
Der Mann stand auf, ohne mich aus den Augen zu lassen. Er nahm die Vase mit Rosen vom Cafétisch und sang gar nicht schlecht: »Wunderbar, wunderbar ist die Nacht so sternenklar.«
»Hör auf, zu singen«, knatschte sein Freund.
»Nein! Ich lasse mir das Singen nicht verbieten!« rief der Mann aus. »Ich liebe Frauen, deshalb muß ich singen! Ich habe nur die richtige noch nicht gefunden.«
Er tauchte einen tiefen, öligen Blick in meine Augen. »Was schreiben Sie da, Fräulein? Über mich?«

Tut mir leid, ich weiß nicht, wie das weitergegangen wäre. Ich ging, weil ich über etwas anderes schreiben wollte als über ihn. Aber wohin konnte ich gehen?
Immer nur vom Regen in die Traufe im alten Merkstein. Ich ging an der »Futterkrippe« vorbei, und Hugo winkte

mit seinem Krückstock von der anderen Straßenseite, er hatte sich eine Fritte gekauft.
»Eh, Silvia, was macht der Kurt noch? Hat er noch seine Band?«
Ja, das sind so die Geschichten, die man in Merkstein erlebt. Und das sind noch die Highlights.

Charlys Freund hielt mich an und verwickelte mich in ein Gespräch.
»Ich habe schon mit einem halben Jahr onaniert«, erzählte er. »Und ich möchte meinem Kind das Gefühl geben, daß ich weiß, daß es es tut, verstehst du? Ich möchte, daß es ganz bewußt mit seiner Sexualität umzugehen lernt. – Soll ich dir mal einen guten Witz erzählen? Du kennst doch die Zigarettenreklame ›Go West‹? Na gut: Diese Reklame darf in der DDR nicht aufgehängt werden.«
Das war der Witz. Mehr kam nicht. Ich versuchte zu lachen, aus Freundlichkeit. Ich mag nicht, daß er sein Baby beim Sex beobachtet und ihm seine Selbstvergessenheit nehmen will. Aber das fiel mir so formuliert nicht ein.
Schreiben ist der Trost der Langsamen im Kopfe, die ihre Chance, sich einzumischen, im Leben dauernd verpassen.

Als ich nach Hause kam, hatte ein Zeuge Jehovas sein Zettelchen unter meine Tür geschoben: »Kann man auf Erden glücklich werden?«
Früher habe ich mit den Zeugen diskutiert, denn ich interessiere mich für Religion, wenn ich auch noch nie den Herrn aus der Kirche in Merkstein in mir gespürt zu haben glaube. Aber diese Leute wollten mir zum Frecken nicht glauben, daß ich so religiös wie sie aber schon lange bin. Und es ist doch eine schwache Religion, wo man alles erst nachschlagen muß, wie ein ängstlicher Koch.
Ich mag lieber, wie Michael Müller ganz unbewußt mit seiner Religion und der Bibel umgeht. Als hätte er gerade einen lustigen Film gesehen, den er einem unbedingt er-

zählen muß. Wir flirten immer entzückt, wenn wir uns sehen. Wir spielen das extra hoch; wir wissen, daß unsere Leben in ganz verschiedene Richtungen gehen.
Michael kommt aus dem Jugendwohnheim, einer Einrichtung, in der unterprivilegierte, milieugeschädigte Jugendliche mit Geistlichen leben.
Früher stand Michael wie verrückt auf T. Rex, doch dann kam die Erleuchtung, er sah Gott live, und seitdem spricht er im »Saftladen« Leute auf ihn an und schwärmt von seinem Star.
Michael nahm mich beiseite, lachte mir sexy in die Augen und sagte: »Dir muß ich noch etwas sagen, meine Tochter. Denk mal darüber nach: Du hast es vielleicht schon selbst gespürt: Du weißt, daß du auserwählt bist, ja?«

*

Ja? Von wem denn? Vater, Sohn, Heiliger Geist? Darf ich mir das aussuchen? Dann will ich den Sohn. Mit Geist. Den trinken wir, aus der Flasche. Und dann werde ich gebenedeit unter den Weibern, ja?

Ich glaubte Michael. Mir war danach. Das war doch mal ein deutliches Zeichen. Dann wird mein Leben also vielleicht doch noch ein Erlebnis. Vielleicht kommt dann ja alles erst noch.
»Quatsch«, sagt Kurt. »Du mußt immer gucken, wer das ist, der dir so was sagt.«

Na ja, ich weiß. Michael ist bloß ein lustiger Spinner. Aber es ist ja doch nie Gott, der spricht. Man muß doch auch mal auf die Menschen hören.

*

Ich bete vieles auf der Welt an. Jungen. Aber nicht nur. Ich könnte auch meine Liebe in eine Motte geben, obwohl sie mir auf den Geist geht, das Mistvieh, wie sie jede

Nacht mit Lärm gegen meine Fensterscheibe flattert und raus zu den Straßenlaternen will, wie ein eingesperrtes junges Mädchen, das nicht in die Disco darf.
Aber wo bin ich? Wo hatte ich hingewollt?
Beten. Ich glaube anfürsich nicht, daß es hilft. Höchstens, wenn man auf einer Klippe steht, daß das Schicksal einen vielleicht dadurch zur richtigen Seite überkippt.
Ich glaube auch nicht, daß es hilft, auf eine innere Stimme zu hören.
Es sind zu viele.
Alle machen Reklame für was anderes. Manche reden richtig Scheiße.
Gefährliche Sachen auch.
Wenn Martin mit seinem Motorrad unterwegs ist, sagt eine innere Stimme vielleicht zu ihm:
»Ein Stück weiter nach rechts, gegen den Baum, und du bist alle Sorgen los.«
Dabei lügt sie. Oder blufft. Sie weiß das auch nicht. Wenn man auf so was wie seine innere Stimme hört, kann man genausogut auf seine Eltern, seinen Dealer und überhaupt all seine Freunde und Feinde draußen in der Welt hören.

*

Was bedeutet es, daß ich jetzt auserwählt bin? Was muß ich denn jetzt tun? Hoffentlich nichts Anstrengendes. Jetzt bin ich etwas Besonderes und langweile mich trotzdem.

*

Der FC Alte Socke hatte gewonnen, war aber trotzdem deprimiert.
Als ich nach dem Spiel in Jupps Kneipe reinkam, um die Jungen zur Probe abzuholen, waren sie schon betrunken und hatten beschlossen, daß es wieder keine Probe geben würde. Ich fing an, sie deshalb auszuschimpfen, aber der ganze FC Alte Socke guckte mich befremdet an. Ich ließ

es sein, aber ich verstehe sie nicht. Ist ihnen Musik so wenig wert? Sie werten sie so ab. Es ist alles nur Scheiße für sie.
Eigentlich sind die »Schweine« meine Band so gut wie ihre, aber manchmal habe ich das Gefühl, ich bin nur Linda McCartney, und sie nehmen mich nur in Kauf.
Kalle kam nicht darüber weg, daß er einen Elfmeter verursacht hatte, den die andern dann auch noch in ein Tor verwandelten.
»Ich Esel!« rief er. »Ich bin es schuld!«
Jupps Kneipe ist saucenbraun und trübe. Ich will nicht immer anderer Leute Leben und Kneipen schlecht machen. Mein Bauch und mein Kopf tun mir weh. Bei Jupp sind alle Gäste krank. Ein Mann hat Rheuma, ein anderer ist zuckerkrank.
Ich geh nach Hause.
Die Gitarre wartet, in ihrer ganzen Sperrigkeit und Unbeherrschbarkeit.
Aber ich krieg die noch klein.
Ich mach sie alle.
Schlampe.
Schwein.
Pottsau.
Yeah.
Nein, ich bin nett zu meiner Gitarre.
Ich versuche mich tapfer weiter im Songwriting. Es ist schwierig, aber interessant.
Rolf hat mir erzählt, daß früher die Neger-Jazzmusiker ihre Instrumente oft im Gefängnis lernten. Das heißt aber nicht, daß sie gerne im Gefängnis saßen.
Charlie Parker nannte man »Bird«, und er wurde hinter Gittern groß, und er war kein glücklicher Mann.
Wenn ich an den Problemen in meinen Songs feile, stelle ich mir vor, ich feile an den Gitterstäben meines Gefängnisses. Ich möchte durch die Musik einen Raum schaffen, in dem ich leben kann, auch wenn er nur so weit reicht wie der Atem, wenn man singt.
Früher dachte ich, die Musik erzählte von einem Leben,

das nicht hier ist, aber das es irgendwo gibt, und ich wollte dorthin, wo die Musik herkommt.
Die Wurzeln meiner Musik sind nicht, was ich als Teenager gehört habe, sondern was ich als Kind gehört habe, als ich mir wünschte, endlich ein Teenager zu sein, der was mit Jungen anfangen darf. Als ich mir alles, was mich interessierte, in den Mund stecken wollte, und vergeblich versuchte, das Fernsehn anzuhalten, um Fury rauszunehmen, egal, wenn der Apparat dabei kaputtginge.

Neue Regeln für ein neues Alter.
Man darf nicht noch mit 22 ohne Oberteil durchs Freibad laufen. Es ist schöner und sinnvoller, einen guten Song zu schreiben, als einen Mann zu küssen.
Zweifel gehören unterdrückt.

*

Eine Kneipe neben dem Ratinger Hof in Düsseldorf.
Unser Gitarrist Rolf erzählt Peter von unserer Plattenfirma stundenlang über sein Nebenprojekt »Fleisch«. Er möchte ihn dafür interessieren, diese Band ebenfalls unter Vertrag zu nehmen.
Es ist Feierabend, und Peter will sicher mal seine Funktion ablegen und Mensch sein.
Aber Rolf will zu seinem Recht kommen.
Ich versuche, mich rauszuhalten.
Ich sage mir: »Du darfst dich nicht so für andere Leute verantwortlich fühlen.«
Ich schaue Peter an: Geht es ihm nicht auf die Nerven, wenn immer jeder was von ihm will, weil er eine Plattenfirma hat?
Mein Gott, Silvia, er wird schon abhauen, wenn es ihm zuviel wird.
Er ist doch erwachsen.
Bei »Fleisch« spielen auch Sascha und Hartmut aus der alten »Schweine«-Besetzung mit, und ein Junge namens Rick singt. Kurt sagt, er sänge gut, und »Fleisch« wären

eine solide, gute Band. Aber kann Rolf nicht auch mal von was anderem reden?
»Laß ihn doch«, sagt Achim. »Er ist besoffen. Du weißt, was man da manchmal zusammenquatscht.«
Auf Kalle muß ich auch aufpassen.
»Kalle«, sage ich leise, »ruhig!«, als er einen fremden Jungen wegen seines Aussehens anpöbeln wollte. Und durch das Lokal grölte: »Das ganze Geschäft hängt mir zum Hals raus!«
Er sagte: »Schämst du dich für mich?«
Ich sagte »Ja« und schämte mich auch für mich.
Ich ging zum Klo und redete mir gut zu und wusch mir das Gesicht. Wenn ich meine Gefühle nicht mehr kontrolliert bekomme, gehe ich aufs Klo. Viele Mädchen tun das. Wörter wie »Gefühle« wollte ich anfürsich nicht mehr benutzen. »... ich kann Frauen nämlich nicht ausstehen«, hörte ich Kalle zur Sängerin von »Tampax« sagen, als ich zurückkam. Sie antwortete: »Du merkst wenigstens, daß ich eine Frau bin!«
Sie ist mollig und burschikos, die Jungen sind nicht sehr hinter ihr her. Sie ist traurig deswegen und singt darüber. Sie kennt Kalle nicht. Sie kann nicht wissen, daß er Frauen wirklich nicht leiden kann.

*

Ich verstehe nicht, weshalb Kurt und Kalle »das Geschäft« schon jetzt aus dem Hals raushängt. Warum machen sie nicht einfach weiter? Sie haben zur Musik kein herzliches Verhältnis. Was ist Musik dann für sie?

Sie reden über ihre neue Band, die sie miteinander gründen wollen. Darin wollen sie selber singen und brauchen mich nicht.
»Ich möchte einmal«, sagte Kalle, »wieder in einer Band spielen, in der keine Frau mitspielt.«

*

Die meisten »Saftladen«-Jungen mögen keine Mädchen.
Auch die meisten Mädchen mögen keine Mädchen.
Also müßte eigentlich die ganze freie Liebe und Bewunderung auf die Jungen fliegen.
Aber sie machen sich nichts daraus.
Manchmal, wenn ich über Kalle schimpfe, denke ich: Kalle, ich mag dich doch. Aber Kalle fände das peinlich. Ihm kommt es darauf gar nicht an. Was ist das schon wert: wenn einen eine Frau mag, die doch bloß eine Frau ist. Und ›mögen‹ ... das ist mehr Frauensache, mögen, nicht mögen. Kameradschaft und Sex sind okay für Jungen.
Kurt macht sich und mir weis, viele Männer könnten verrückt nach mir sein.
»Du bist das einzige Mädchen, an dem ich überhaupt etwas finde«, sagt er. »Ich bin dir verfallen. – Boah, aber heute im Freibad, da waren Mädchen aus der Achten: so was hab ich noch nicht gesehen! Sooolche Titten, sooo dicke Büschel Haare unter den Armen, und zwischen den Beinen kamen die Haare aus den Badeanzügen raus. Und die sind erst 14!«
Viele Jungen hier achten auf »Titten« und »Ärsche«. Sie machen sich lustig über Mädchen, die nicht viel Busen haben, und über Mädchen, die viel Busen haben. Boh, hat die Dinger. Boh, ist die flach.
Denken sie wirklich, Mädchen sind so, daß diese Art, über sie zu reden, angemessen ist?
Manche Mädchen verstecken ihre schüchternen Körper vor diesen abschätzenden und abschätzigen Blicken.
Dazu Kalle Brockly:
»Ich kann nicht verstehen, wieso so viele Mädchen nichts aus sich machen. Schlabberhosen, und Oberhemden bis zu den Knien, und eine Schlafjacke darüber: warum ziehen sie sich nicht mal was Hübsches an?«
Ich sehe Kalle an und sage gar nichts.
»Ja, als Junge kann man nicht groß was mit seiner Kleidung machen«, sagt er schnell. »Aber als Mädchen! Da hat man so viele Möglichkeiten!«

... wegen seiner Figur ausgelacht zu werden und zu Hause zu weinen.
Aber an seinem Unglück ist jeder selbst schuld, und keine soll von einem Jungen erwarten, daß er sie glücklich macht. Wartet sie auf den Märchenprinzen? Dann viel Spaß. Ich geh einen saufen. Klar, alles ist scheiße. Aber Probleme gibt es nicht. Die der Mädchen sind jedenfalls keine. Die machen sie sich selbst, um damit Jungs zu ärgern, die genug eigene, echte Probleme haben. Den Mädchen geht's doch gut. Für die tun Jungen doch alles. Aber sie sind nie zufrieden.
So in der Art reden sie manchmal. Vielleicht sind sie nicht so schlimm wie sie tun. Sie wollen sich nur von den Mädchen absetzen, distanzieren, warum auch immer. Ich glaube nicht an den großen Unterschied zwischen den Geschlechtern »von Natur aus«. Aber hier in Merkstein haben Jungs schon einen ziemlich anderen Stil als Mädchen.
Nehmen wir an, ich sage: »Bei diesem Stück spielt Kalle eine gute Snare«, dann sagt ein netter Junge: »Ja, echt. Toller Sound auch.« Und ein böser Junge: »Quatsch. Davon verstehst du nichts.«
Ein Mädchen aber sagt: »Der Kalle spielt gern Schlagzeug, nicht wahr? Ich glaube, es bedeutet ihm sehr viel.« Auch das kann nerven.
Die Jungen geben viel Geld für Schallplatten, Zigaretten, Imbiß und Benzin aus. Sie reden viel über Fußball und Saufgeschichten. Auf dem Klo schauen sie sich gegenseitig auf die Pimmel, wie lang die sind, und brauchen ewig, bis was rauskommt. Dann spielen sie mit dem Strahl, wie hoch sie kommen oder wie weit es spritzt, wenn sie gegen die Kacheln pinkeln. Wenn sie vom Klo kommen, gehen sie sich noch mal an den Hosenstall, ob der Reißverschluß zu ist. Das Furzen erledigen sie erst, wenn sie wieder unter Leuten sind.
Wenn die Jungen Spiele im Fernsehn angucken, schütten sie sich gesalzene Erdnüsse in die hohle Hand und werfen sie alle auf einmal in den Mund. Wenn sie das zu

Brei gekaut haben, nehmen sie einen Schluck Bier dazu und schmatzen es in eine Backe. Dann in die andere, sie matschen alles durcheinander. Dann erst schlucken sie, und dann rülpsen sie. Papa macht das sogar mit Pralinenmischungen, selbst wenn sie ganz verschieden gefüllt sind.
Mädchen naschen oft herum. Sie kratzen angesetzte Schweinesaucen aus Pfannen, wegen des intensiven Geschmacks, und weil sie wahnhaft denken, was vor dem Verzehr nicht auf dem Teller lag, macht nicht dick.
Ich mag es nicht, wenn ein Junge die restliche Salatsauce aus einer Schüssel trinkt, und die Sauce läuft ihm rechts und links aus dem Mund in die Ohren. Ich hab dann so Zwangsvorstellungen, die Schüssel wäre eine gläserne Scheide, aus der er trinkt.

*

Pauschalisierungen, Vorurteile. Nicht mal richtig lustig. Ich gefalle mir nicht dabei. Ich bin nervös. Ich habe Angst, daß ich einen schlechten Charakter bekomme.
Ich möchte versuchen, mich in einer liebevolleren Einstellung zu üben.
Nach unserem Auftritt in Marburg hat mir ein Junge, der uns gut fand, einen Anstecker geschenkt. Auf diesen Button versuche ich mich zu konzentrieren, wenn ich mich schlecht finde.
Doch ich kann ihn nicht in Gedanken festhalten. Jetzt denke ich schon wieder an etwas anderes.
Denn die Wohnung ist dreckig und durcheinander, und ich werde Kurt gleich deswegen ausschimpfen, fürchte ich. Dann wird er sich räuspern und furzen, und ich werde noch nervöser werden. Ich bin eine bleiche, ehrgeizige, unzufriedene Schreckschraube.
»Soll Kurt doch mal was machen!« schimpfe ich leise in mir. »Ich bin hier nicht die Hausfrau! Der macht immer alles durcheinander, der Blödheini!«
Anklagend und stumm wie Mama wühle ich im Dreck,

knibbel an meinen Pickeln und Fingern, und werde von meinen fettigen Haaren gekitzelt.
Dann setze ich mich zum Schreiben hin und versuche, mich aus dem Schutt freizuschaufeln und die Gewichte von den Schultern zu kriegen.
Wie ungelenk sind meine Sätze. So ein Ackern.
Gehirne sind schreckliche Knoten. Gehirne verkrampfen sich, Gehirne schreien, Gehirne machen Stunk. Man müßte sie/sich zerbeißen wie Dackel die Sessel, und wenn der ganze Salat zerbissen wäre, wäre der Mensch frei.
Kurt kommt zögernd in mein Zimmer. Gucken, ob ich noch sauer bin.
»Ich hab grade Gitarre gespielt«, sagt er.
»Und?«
»Nichts.«
Er nimmt sich die Zeitschriften und blättert sie durch. Er seufzt. Dann guckt er in den Kühlschrank und fragt: »Kann ich den Schnaps austrinken?«
Jeder Tag ist anstrengend wie Sport, und abends fühlt man sich wie ein Invalide. Die ganze Zeit schaltet es im Kopf von einem unangenehmen Gedanken zu einem guten zum nächsten fiesen.
Wenn ich heute nicht spazierengehe, dann morgen: ein guter Gedanke.
Ich habe 8 Stunden nachgedacht, um soweit zu kommen.

*

Draußen findet ein Sommer statt, aber ich laß ihn nicht rein. Ich habe mich verschlossen. Draußen Sommer, und innen ist alles abgestandener, kalter Kaffee.
Will den noch einer? Dann schütt ich den weg, ja?
Mach mal neuen.
Wovon?

Ich brauche viel Kaffee gegen meine Kopfschmerzen. In unserer Gegend heißt das nicht, daß man deswegen gleich intellektuell sein muß. Hier tun es alle. Die gestandenen Männer schämen sich nicht, tuntig zu wirken, wenn sie in ihrem ordinären Dialekt erzählen, wie sehr sie Täßchen Kaffee und Stückchen Kuchen zu schätzen wissen, bei Klatsch und Geselligkeit. Am liebsten auf Beerdigungen. Die Särge sehen aus wie Wohnzimmerschränke, und umgekehrt. Echt Eiche, sonst ist asozial.
Ich würde mich auch gern jetzt beerdigen.
Da hätte ich Ruhe von mir und könnte mit den anderen Kaffee trinken gehen, und sie würden gut von mir reden. Wenn die Welt auf einen drückt, ist ihr Gewicht besser verteilt, wenn man sich hinlegt.
Ich will schlafen, mich gesund schlafen, mich gesund schlafen lassen.
Wie Katzen. Sie drehen sich einfach weg von der Welt, und die Menschen streicheln ihre langen Rücken, nur weil sie so schön sind. Sie müssen nicht lieb dafür sein. Sie können sich so viel raus nehmen. Schnurren, kratzen. Spielen die Geheimnisvollen. Räuber, Katz und Maus.
»Pussy, ich wär gern wie du«, sage ich oft zu meiner Katze. Aber wenn ich Katzeneigenschaften habe, dann nur die schlechten. Und ich merke es noch niemals. Man muß es mir auch noch sagen, aber dann glaube ich es nicht. Es muß aber was dran sein, an dem, was meine Band mir vorwirft, denn ich höre das oft, von vielen: daß ich mich immer durchsetzen will und über andere hinweggehe. Alles, was mich interessierte, wäre immer nur ich.
Dieses Buch gibt ihnen ja sogar recht. Ich merke selbst, wie aufdringlich ich schreibe und bin. Immer dasselbe, immer ich.
Trotzdem stelle ich mich dumm.
»Wann war das denn, als ich so egoistisch gewesen sein soll?« frage ich, obwohl ich weiß, daß es nicht irgendwann dann und dann, sondern immer ist.
»Wir machen dich mal drauf aufmerksam«, sagen die an-

dern dann drohend, und ich spekuliere darauf, daß sie es im nämlichen Moment wieder vergessen werden und sich nur stumm über mich ärgern, weil sie sich nicht mit mir streiten wollen. Im Studio wäre es besonders schlimm gewesen mit mir, sagen sie, dabei hatte ich gedacht, gerade im Studio ... ach, Scheiße.

*

Wenn Kritik mich verunsichert, falle ich wieder in meine alte Schüchternheit zurück (was nicht heißt, daß ich dabei vom Egoismus abfalle).
Ich weiß nicht, was ich darstellen soll, kann, darf. Ich habe einen ziemlich gehemmten Körper, besonders, wenn mich alle anschauen. Wie soll ich lachen und tanzen, wenn mich alle ernst angucken und sich selber nicht bewegen?
Angesichts der Leute fühle ich mich, als würden mir die Beine zusammenwachsen, und der Boden wird eine unsichere Sache. Singen – Tanzen – IchSein fällt auseinander, eins aus Kosten des andern, und ich fühle mich nackt, traurig, mutlos.
So tritt man vor Gott, nicht wahr? Warum verstecke ich mich dann nicht? Warum zeige ich mich vor seiner Herrlichkeit in meiner Unfähigkeit?
Glaube ich, sie oder sonstwas, würde mir dann vergeben? Auf der Bühne gebe ich den Leuten so ein dunkles, schwer verständliches Bild. Einen Zorn und eine verbissene Sehnsucht, die sie und ich sich nicht erklären können und von der sie sich achselzuckend abwenden. Es paßt nicht zu den bunten Kleidern und der punkigen Schlager-Show. Kurt und Kalle geben mir die »Nowhere Men« zum Vorbild. Wenn man die auf der Bühne sah, dachte man, sie hätten viel Spaß und wären die besten Freunde. Doch nach dem Auftritt ärgerten sie sich über Fehler und warfen sie einander vor. Das ist aber egal, finden K & K, auf die Bühne sehen die Leute, da spielt die Musik. Da soll ich mich bewegen, als wenn nichts wär,

wie der Sänger der Nowhere Men, toben, alle anmachen, auf der Bühne.
Und im Leben?
Lieber nicht.
Auf den Fotos soll ich als Blickfang nach vorn, weil ich eine Frau bin. Aber wenn ich sage: »Ich mag schrille Gitarren«, dann glauben sie, ich redete nur unserem Produzenten nach dem Mund, weil ich in ihn verliebt bin.
Und?
Ist das nicht so?
Ich weiß nicht. Ich bin nie frei von Beeinflussung durch Persönliches, Erotik, Sympathie.
Aber damit gebe ich etwas zu, das ich wohl besser leugnen sollte.
Ich bin mein miserables Image, was meine Kritikfähigkeit betrifft, da schon selber schuld. Auch weil ich vor Langeweile und Krampf oft extra lüge und übertreibe. Hm. Ich sehe unsere Schallplatte etwa wie ein Kind. Wie sollte sie nicht vermurkst werden, bei der Mutter? Das heißt aber nicht, daß ich sie mit Absicht vermurksen will.
Das denken die aber, wenn ich sage: Ist doch alles nicht so schlimm.
In Wirklichkeit strenge ich mich sehr an, als wäre ich sehr behindert und könnte mich gar nicht gut verständlich machen.
Nachts sind meine Träume voller Leute, die besser singen können als ich.
Ich hielt meine Stimme von Anfang an für einen Witz.
Doch insgeheim kann ich nicht glauben, daß ich vom Üben wirklich kein Talent bekommen werde und für alle Zeiten schlecht singen muß, mit einer Stimme, die keiner mag.
Die Kritik an mir verletzt mich, weil sie ein unsicherer Charakter wie ich so übersetzt:
Du bist nur eine Imitation. Du kannst nicht genügen. Du kannst nicht sein/werden, was du willst.
Manchmal nehme ich mir vor, selber nie mehr jemanden zu kritisieren, damit ich bei jemandens Kritik an mir

sagen kann: Laß das doch, ich mach das doch auch nicht. Es geht dich doch eigentlich einen Dreck an, wie ich singe.
Es ist doch meine Privatsache.
Allerdings ist es paradox, seine Privatsache, die andere einen Dreck angeht, auf einer Bühne öffentlich zu machen. Das kann ja nur widersinnig wirken.
Aber etwas reitet mich immer wieder da hin.
Dann scheut das Pferd. Dann springt es.
Manchmal werde ich nicht mal abgeworfen dabei.
Aber wozu das. Ich weiß es nicht.

*

Gestern wurde dann alles noch sehr erschöpfend.
Um 7 ging ich zu Markus. Ich hatte eine neue Geschichte von mir bei, die er lesen wollte. Er hatte danach gefragt. Ich schämte mich, wollte aber mutig sein.
Marks Mutter war schon seit 4 Wochen in Urlaub. Ihr Wohnzimmer war voll bedrückter junger Leute. Erschlafft von der zu langen Sturmfreiheit einer Bude. Sie hatten sich angeödet und getrunken.
Um sie herum war alles tapeziert, voll- und zugehängt und -gestellt mit Möbeln, Zeug, Bildern sämtlicher Familienangehöriger, wie in einem ägyptischen Grab.
Keiner sagte was. Die »Fehlfarben« lagen auf dem Stereo, ohne noch etwas bewirken zu können in ihren Herzen.
Ich gab Markus meine Geschichte.
Er fing sofort an, sie zu lesen, und las manche Sachen laut vor und gab Kommentare dazu ab. Ich sagte: »Hör doch bitte auf, Markus«, aber er machte weiter, bis ich mich vor Verlegenheit wand.
Endlich war er still.
Alles schwieg wieder. Nur eines der Mädchen platzte ein Kichern heraus.
Ich war niedergeschlagen.
Ich hatte mir Mühe gegeben mit meinem Aussehen, mich geschminkt. Markus mag David Bowie, und ich hatte so-

gar versucht, meine Haare david-bowie-mäßig zu föhnen. Es war sogar fast gelungen.
»Ich schminkte und frisierte mich / ein bißchen mehr auf ›jugendlich‹« – ich dachte an diese Zeile aus Dalidas Lied »Er war gerade 18 Jahr'«, und besonders an den Schluß: »Die Jugend gab ihm wohl das Recht, / es so zu sehen«, mit seiner demütigen Resignation. Darunter abgewürgt der zappelnde Impuls, ihn zu schlagen. Zu küssen. Zu schlagen. Undsoweiter. Wie ein Macho. Ich wäre sowieso einer, wenn ich ein Junge wär. Und Markus wäre eine Frau. Dann wäre er reif.
Aber so?
Ich versuchte sogar, wenig zu reden, so daß ich keine Scheiße reden konnte.
Ich dachte, vielleicht nervt ihn mein rheinisches Plappermaul, die affektierte, überhitzte und oberflächliche Anstellerei an mir, dieses Kein-Blatt-vor-den-Mund und das Herz-auf-der-Zunge.
Aber mein Schweigen führte nur dazu, daß mich keiner mehr beachtete.

Am Schluß war mir alles wieder egal. Meine »Gefühle« für Markus waren doch nur hochgekocht, nervöse Zukkungen.
Ich trank was und erzählte meine Träume; achtlos, wie das wirkte.
Sie entschlossen sich, zum »Saftladen« zu gehen.

Die Band, die im »Saftladen« spielte, machte Patty Smith nach, und Markus regte sich sehr darüber auf.
Er liebt Patty Smith; er ist der einzige Junge hier, der sie sogar hübsch findet. Allen andern hat sie zu wenige Titten.
Das Publikum dämmerte vor sich hin und konnte nicht klatschen, mit den Händen voller Bierflaschen.
Der alte Hugo wollte mit seinem Krückstock auf die Bühne, ich wußte warum. Er wollte wieder »Lili Marleen« singen und den Text ordinär verhunzen. Er hatte

mal an einem »Saftladen«-Abend, der Legende wurde, mit der Nummer großen Erfolg und will, daß dieser Moment ewig wiederkehrt. Hugo ist 60. Er hat wenig im Kopf. Nur Kitschen und Trümmer. Porno-Phantasien und die Bütt. Ich ekel mich vor ihm.
Wenn ich mich vor etwas ekle, muß ich es mir zwanghaft vorstellen. Ich mußte mir vorstellen, ich müßte aus einer Flasche mit Hugo trinken.
Gottseidank ließ meine Phantasie es damit bewenden.
Hugo betrachtet Kalle als seinen Freund.
Wenn Hugo in den »Saftladen« kommt, ruft er schon in der Tür:
»Wo ist der Brockly?«, und Kalle Brockly muß sich hinter der Theke verstecken. Oder hinter dem dicken Lupo. Was bald nicht mehr möglich sein wird.
Noch sind die meisten »Saftladen«-Jungen auf Lupo angewiesen, um zum Beispiel sagen zu können:
»Aber so dick wie der Lupo bin ich nicht! So viel wie der Lupo sauf' ich aber nicht!«
Lupo arbeitet unter Tage und sagt: »Dann kann ich mir auch mal einen saufen!«
Sie haben ihn zum Vorsitzenden von »Alte Socke« gewählt. Er nimmt den Job sehr leicht, wirkt aber repräsentativ, wie ein dicker Häuptling.
Doch Kalle holt auf. Kalle wird von den täglichen Schnitzeln und Bieren, und der Ruhe, die er will, immer dicker. Er ist jetzt schon so dick, daß er diese besondere Art Jeans tragen muß, die gar keine richtigen Jeans sind. Manchmal will ich ihn zum Trost in die Arme nehmen. Aber er würde sich schön bedanken. Was für ein Trost wäre das aber auch.
Es ist ein schmaler Grat zwischen Zuneigung und Zumutung.

Als die Band ihr erstes Stück gespielt hatte, setzte sich Kalle Kopfhörer auf und hörte demonstrativ die Undertones, damit jeder begriff: Kalle hört was anderes. Er mag die Band da nicht.

Er lachte den Drummer aus, als der ein Solo spielte.
Ein Junge grölte »Aufhören!« und warf seine Bierflasche nach der Band.
Ich war traurig. Ich wünschte, jemand Besonderes wäre hier, ein Künstler. Ich kann das nicht selber sein, ich bin zu blöd, ich weiß.
Willy de Ville wäre hier. Und würde mich küssen.
Ich sagte das Markus, und er krümmte sich vor gespieltem Ekel: »Willy de Ville? Der Typ ist doch zum Kotzen!«
Wie leidenschaftlich sich Markus gibt, wenn er betonen will, daß er jemanden nicht ausstehen kann. Ist das echt?
Kurt würde lachen, daß ich für möglich halte, das könnte echt sein.
Es ist ein Geheimnis, weshalb sich Markus so schlängelnd bewegt auch. Aber vielleicht ist das gar kein Sex. Ich sehe das nur immer in alle hinein.
»Guck mal, dein Schwarm ist auch hier!« rief Kurt spöttisch.
Für eine verrückte Sekunde dachte ich, er meinte damit Willy de Ville, und fragte: »Wo?«
Aber Kurt hatte Martin gemeint.

Martin ist gar nicht mein Schwarm. Ich finde ihn bloß einigermaßen nett.
Im Vergleich zu Leuten, die ich nicht leiden kann, liebe ich ihn natürlich beinah. Aber sonst nicht wirklich.
Ich habe keine Lust, sein Aussehen zu beschreiben.
Och, Silvia, bitte! Nein. Keine Lust.
Er gefällt mir nicht vollkommen. Nichts in meinem augenblicklichen Leben tut das. Dafür kann er nichts. Daß er und alles mir nicht richtig gefällt. Oder gefallen?
Was ist wichtiger: Einzahl oder Mehrzahl? Er oder alles?
Na also: »gefallen« heißt es.

Martin unterhielt sich mit einer Gruppe Jungen, die auch alle nichts dafür können. Mag er die? Ach, Scheiße. Immerhin kenne ich sie auch, so daß ich mich zu ihrer Verwunderung dazu stellen kann. Ich bin es heute müde,

mich von Verwunderung hindern zu lassen. Ich tue, als
wäre es wenigstens mir selbstverständlich, was ich tue.
Kurt und Kalle kommen dazu, und das Gesprächsthema
wird natürlich sofort Fußball, die künftige Mannschaftsaufstellung von »Alte Socke Merkstein«, dem Thekenteam der »Saftladen«-Jungen.
Kurt ist ihr Spieler-Trainer. Das heißt, daß er die Mannschaften trainiert, aber auch mitspielt.
Es sind zwei. In der ersten spielen Martin, Kurt und verschiedene andere.
Kalle möchte auch gern in der Ersten mitspielen, aber Kurt sagt, da müßte er sich noch ganz schön anstrengen. Allerdings: »Man kann dich immerhin anspielen!« sagt Kurt. »Manche Leute kann man ja nicht mal anspielen!«
Darüber ist Kalle stolz. Er sagt, er will jetzt zu jedem Training kommen, obwohl er es im Kreuz hat.
»Ich will ja nichts sagen«, sagt Martin, »aber das mit deinem Kreuz ist ja wohl zu fünfzig Prozent Anstellerei von dir.«
Kalle will mal die Früh-Rente durchkriegen und übt seine Rolle. Aber er gibt es nicht zu.
Wenn Kalle es nicht schafft, in die Erste zu kommen, wird er sagen: »Ein Glück, daß ich nicht in der Ersten spielen muß. In der Zweiten ist die Kameradschaft viel besser.«
»Ich glaube gar nicht, daß wir so viele Punkte abgeben müssen«, sagt Kurt. »Vielleicht können wir es schaffen.«

Dann waren die anderen Jungen auf einmal weg.
Sie redeten woanders oder pinkelten auf dem Klo.
Martin und ich waren auf einmal allein. Wir mußten uns was zum Reden einfallen lassen.
Martin fing an.
»Na?« fragte er.
»Hm«, fiel mir ein.
»Wie geht es dir?«
»Och, gut.«
»Mir geht es auch gut.«
Wir schweigen wieder.

Es geschieht eine heimliche Katastrophe hinter allem. Hinter den Fassaden bricht permanent was zusammen. Während wir scheinbar intakt, einzeln in Haut verpackt, agieren und hantieren, verbergen wir, wie falsch alles ist. Wir haben ein Rad ab. Daß die Menschen es erfunden haben, zeigt doch, daß es ihnen abging. Und dann fehlte. Sterben! Bitte! So ein Klümmel.
So was Ähnliches kämpfte aber wohl auch in Martin.
»Was heißt ›gut‹«, sagte er entschuldigend. »›Gut‹ ist relativ. Es ist noch nicht lange her, da habe ich mich furchtbar gefühlt. Sie haben dir bestimmt schon erzählt, daß ich rauschgiftsüchtig war. Das ist immer das erste, was die Leute über mich erzählen. Ich hätte nie gedacht, daß ich es noch mal schaffen würde, Fußball in einer Mannschaft zu spielen. Daß ich wieder Kameraden haben würde. Es ist sehr wichtig für mich.«
(Ich erzählte das später Kurt. Er freute sich und sagte, da hätte man das Gefühl, daß sich das Leben doch lohnt.)
»Was machst du denn so?« fragte Martin. »Musik? Von Musik verstehe ich nicht viel. Ich weiß gar nicht, was da gut oder schlecht ist.«
Leider stellte sich dann Ossi zu uns.
Ossi, hm. Ich erzähle euch aber nichts Genaueres über ihn. Ich weiß auch gar nichts Genaueres über ihn, deshalb.
Ich wollte lieber allein weiter mit Martin reden und freundlich zu ihm sein. Aber Ossi ahnte das nicht. Er redete und redete. Warum, Kurt sagt: weil ein Mädchen dabei ist. Über die Vorzüge der Arbeitslosigkeit. Über seine verflossenen Stellen. Wie er sich da meisterhaft vor der Arbeit gedrückt hätte.
Martin und ich sahen uns manchmal an. Es war klar, weshalb wir aber bei Ossi stehenbleiben mußten: wir brauchten ihn als Anstands-Wau-Wau. Als Kommunikationskrücke. Wir trauten uns nicht zu, allein ein Gespräch miteinander zu bestreiten. Wir wollten nicht selber schuld sein müssen, wenn es scheiterte.
Ossi ging ein Bier holen.

Martin sagte: »Ich will nicht ein Leben wie die anderen. Ich will mir nichts vorschreiben lassen von jemandem, der blöder ist als ich.«
Ich verstehe das, und ich bin auch so. Aber ich weiß auch, wie Martin lebt, wie ich lebe, das ist nicht wirklich anders. Martin lebt doch wie ein typischer arbeitsloser Junge. Fühlt sich nicht wohl, will nur schlafen, trinkt viel. Findet nichts Besseres zu tun.
Er findet, daß er Essentielleres erlebt hat als seine Vorgesetzten. Das Heroin, die Nervenheilanstalt, die Intensivstation, den Knast. Er fühlt sich ihnen überlegen. Sie fühlen sich ihm überlegen.
Aber bald wird Martin auch wieder arbeiten müssen. Wie alle. Bei jemandem, der weniger Bildung hat als er vielleicht und doch eingebildet ist.
»Ich möchte Abenteuer erleben«, sagt Martin, als hätte er in meinem Tagebuch gelesen, daß man mir gefällt, wenn man z. B. sagt: »Ich möchte nie mehr arbeiten. Ich möchte mit dem Motorrad durch die USA fahren. Durch Südamerika, Brasilien. Ich bin noch jung genug. Früher war ich so gut im Fußball! Keiner konnte mir darin was vormachen, und ich war erst 17! Alle haben mich gegrüßt, und gesagt: Na, Martin, wie geht's. Der Stadtdirektor, die Vorsitzenden. Kannst du dir das vorstellen? Als ich auf H war, hab ich mir noch mal das Training angeguckt. Der Trainer kam zu mir und sagte: ›Martin! Warum spielst du keinen Fußball mehr? Komm, du spielst wieder mit. Komm doch wieder zum Training.‹ Ich hab mich so gefreut, aber ich konnte doch nicht. Ich wußte, daß ich es nicht mehr schaffen würde. Ich hab doch 5mal am Tag gefixt zuletzt.
Ich bin stolz und schüchtern. Ich kann nicht auf jemanden zugehen, ohne ihn gut zu kennen und Vertrauen zu haben. Aber dem Dealer bin ich hinterhergerannt und habe gebettelt.
Es bedeutet viel, lachen zu können, sich zu freuen. Ich konnte das nicht mehr, über nichts.
Und dann die Intensivstation. Die Bullen und die Sozial-

arbeiter. Der Bund. All diese Idioten. Ich weiß doch mehr vom Leben als die. Aber sie behandeln dich wie Dreck. Auch hier im ›Saftladen‹. Alle wußten damals, daß ich auf H bin. Ich sah, wie sie mich beobachteten, ob ich deal', oder mir 'nen Schuß auf der Toilette setze. Kalle Brockly, Mike Pilarski, Ossi, die warteten nur darauf, mich rauszuschmeißen. Jetzt, wo ich mit ihnen Fußball spiele, sind sie auf einmal die besten Kumpels.
Ich denke den ganzen Tag darüber nach. Ich schlafe kaum. Ich brauche, ich weiß nicht wieviel Bier, um mit dem Denken aufzuhören. Und mich hier anzupassen, so daß ich bin wie die. Aber sie sind in Ordnung. Sie sind besser als die Leute draußen, die Gesellschaft, oder was weiß ich.«

Ich brachte ihn zu seinem Motorrad.
»Hoffentlich glaubst du jetzt nicht, ich wäre die ganze Zeit deprimiert oder so was«, sagte er.
»Na ja. Es hört sich schon so an.«
»Du mußt mir aber sagen, wenn du dir das nicht mehr anhören magst.«
»Ich hör so was gern. Es ist das, was du den ganzen Tag denkst und ...«
»Ach Quatsch, tu ich doch gar nicht. Ich hab nur sonst nichts zu erzählen. Ich bin sonst nichts. Es ist das einzige, das vielleicht ein bißchen interessant ist. Auf die Dauer wirst du merken, daß es immer dasselbe ist.«
Ich lachte.
»Du übertreibst es mit der Ehrlichkeit.«
»Ja? Das kommt dir nur so vor. Das ist alles nur Imponiergehabe.
Das ist meine Motivation für vieles. Auch für meine Aufmachung hier, die ist dir auch bestimmt sofort aufgefallen. Ich bin stark und schnell. Wenn mich jemand demütigt, mach ich ihn tot. Ich lasse mich nie wieder von jemandem demütigen.
Silvia, ich habe wirklich, wirklich nichts gegen Hilfsschüler. Aber kannst du dir vorstellen: wochenlang mit fünf von

der Sorte auf einem Zimmer? Nicht einer. Nicht zwei. Fünf Stück? Was sie reden, womit sie sich beschäftigen?!
In Marokko hab ich den ganzen Tag vollgekifft am Strand gelegen. Es war wunderschön. Als ich später hier im Hallenbad schwimmen ging, haben mir die Leute nachgeschaut, weil ich so braun war. Hast du mich mal in Badehose gesehen? In diesem Anzug hier sieht man nicht, wie ich aussehe.«
»Ich kenne dich in den Fußballsachen.«
»Und? – Ich weiß, mein Gesicht ist nichts, aber auf meinen Körper bin ich stolz. Die Jungen von ›Alte Socke‹ dagegen – ich sehe sie ja beim Duschen. – Da kannst du manchmal was sehen!
Meine Stimme ist sonst nicht so rauh. Das kommt jetzt vom Saufen. Ich kann auch tanzen. Aber nicht hier. Ich hab mit 17 schon in der 1. Mannschaft von Übach-Palenberg gespielt. Einmal hatten wir ein Freundschaftsspiel gegen Baesweiler. Die spielten eine Klasse unter der 2. Bundesliga, also ein paar Klassen über uns.
Wir haben 6:0 verloren. An dem Abend hab ich das erste Mal gedrückt.«

*

Ich denke viel über Martin nach, obwohl ich mich schlecht konzentrieren kann.
Jungen wie er sagen, es sei ihr Denken, das sie verrückt macht.
Ich frage dann: Was ist das für ein Denken? Denken sollte doch das Gegenteil bewirken.
Aber auch Kurt kann mir darauf keine Antwort geben. Er kann nicht beschreiben, wie er dann denkt.
Menschen fahren manchmal auf eine Baustelle zu und sagen: »Scheiße«, obwohl sie noch gar nicht sehen können, ob sie da wirklich nicht mit dem Auto durchkommen.
Nachher stellt sich dann raus, daß sie doch durchkommen. Sie kämpfen gegen eine innere Stimme, die sagt: Hat alles keinen Zweck. Häng dich auf.

Es gibt nur eins, das Jungen wie Martin oder Kurt nicht bezweifeln: Fußball. Ausgerechnet Fußball. Es hat keinen Sinn, Songs zu schreiben, arbeiten zu gehen, aufzustehen, aufzuräumen. Aber es ist selbstverständlich sinnvoll, Fußball zu spielen.
Das gefällt mir. Es ist leidenschaftlich und sinnlos.
»Wie viel dir der Fußball bedeutet!« sagte ich zu Martin.
»In der 3. Kreisklasse! Wo es doch keine mehr drunter gibt.«
»Ja, das ist verrückt, was? 3. Kreisklasse. Die ist wirklich das letzte. Du verstehst was von Fußball.«
Ausgerechnet. Aber ich halte still und genieße das unverdiente Kompliment.
»Fußball muß man immer schon gespielt haben. Du kannst nicht mit 22 auf einmal anfangen, Fußball zu spielen, wie der Ossi. Nichts gegen ihn, aber ... naja ... das ist doch kein Mann!«

*

Bei unserem Auftritt in Essen gab es im Publikum Leute, die mich leiden konnten, obwohl ich sang und im Mittelpunkt stand.
Nachher kam ein Junge zu mir an die Bühne, nahm meine Hand und sagte:
»Ihr wart toll. Ganz besonders du.«
Dann hat er meine Hand geküßt und ist schnell abgehauen. Kurt, Kalle und Rolf erzählen stolz, daß wir 110 Phon laut waren. Sie freuen sich, wenn sie laut sind.
Kalle bekam sein tägliches Schnitzel diesmal in der Gaststätte Kuckartz in Merkstein, als wir um 24 Uhr wieder daheim waren. Ich aß eine warme Ochsen-Schwanz-Suppe. Sie war sehr konzentriert, und ich krümelte unkonzentriert mein Brot hinein, aber es schwammen sowieso schon so komische Knüddel in ihr.
Ich bekam heiße Stromstöße von Dankbarkeit, wenn ich an den Jungen dachte, der mir die Hand geküßt hat. Etwas an unserem Auftritt hatte ihn zu einer ungewöhn-

lichen und gefühlvollen Geste inspiriert, die Mut braucht, genau wie diesen Jungen in Marburg, der mir den Button geschenkt hat.
Ich hatte keinen Durst und war sofort satt.
Im Spiegel der Toilette sah ich, daß ich hübsch aussah.
Das geschieht nur unter besonderen Umständen.
Wir lachten viel. Kalle und Fritz erzählten lustige Geschichten von der Schule, die ich noch nicht kannte. In einer seltsamen Sekunde sah es aus, als würde der Kopf der Kellnerin im Aquarium schwimmen.
Die Kellnerin der »Futterkrippe« hat übrigens jetzt da aufgehört. Ich wünsche, aber glaube nicht, daß sie jetzt ein besseres als das Frittenleben finden wird. Vielleicht wird sie in Holland eine attraktive Unterhaltungsdame werden, die Herren in exclusiver Umgebung erwartet, aber vielleicht wird ihr das tatsächlich besser gefallen.
Ihr blondes Haar wird nicht mehr nach Fritten riechen.
Something to live for. Someone who'd make my life an adventurous dream.
Die Gaststätte Kuckartz ist dunkel und rotsamten.
Es gibt kleine Wandlampen und ein weißes Schnörkelpiano, auf dem noch nie ein Mensch gespielt hat, außer Mike Pilarski, als er besoffen war.
Das ist eine Heldensage. Immer wieder bekomme ich von ganz unterschiedlichen Jungen aller Generationen erzählt von Mike Pilarski, wie er mit Tauchermaske und Schwimmflossen auf dem Piano bei Kuckartz gespielt hat.
Ich lasse die Jungen das immer wieder erzählen, als hörte ich es zum ersten Mal. Ich bin froh, daß sie mir überhaupt etwas erzählen. Bin ich nicht doof?
Ich bin es wirklich selber schuld.

*

Was soll man von einem Jungen denken, der sich 10 Stunden lang mit Mike Pilarski unterhalten kann? Kommen einem da nicht wieder Zweifel?
Ich möchte nichts gegen Mike sagen. Und tu es doch.
Scheiße. Kein Wunder, daß er mich nicht leiden kann.

Und gegen Martin mag ich auch nichts sagen. Ich mochte die Sachen, die er vorgestern erzählte.
Aber heute hab ich keine Chance bei ihm.
Heute ist Mike Pilarskis Tag.
Nun gut. Ich versuche, mich damit abzufinden, daß zwischen mir und Hugo eine Affinität besteht, die ich nur verdränge, er aber nicht.
Ich versuche, freundlich zu ihm zu sein. Es ist leicht, ihn zu verachten und zu verarschen. Alle tun das. Allerdings versuchen auch alle danach wieder, freundlich zu ihm zu sein. Das hat seinen Grund: Entertainment. Wie beim Fernsehn. Ich habe einen Horror vor ihm, aber ich muß zugeben, daß er immer noch unterhaltsamer ist als ich zum Beispiel. Wenn jemandem wie mir überhaupt nichts zu reden einfällt, ist das immer noch langweiliger, als wenn jemand wie Hugo Nacht für Nacht seinen fiesen alten Brei wieder durchkäut und über junge Leute schüttet.
Es scheint, Hugo hat in seinen 60 Jahren nie etwas anderes erlebt, als aus dem U-Boot geschossen zu werden und bei der alten Porada unterm Rock zu riechen. Er behauptet, die Unterhose von Lili Marleen zu besitzen.
Ich bin dazu verdammt, alles jeden Abend mit ihm neu zu durchleben.

Wieviel Bier muß ein Junge wie Martin getrunken haben, um noch mal einen Schritt auf mich zu zu machen? Ist es, weil er erst seine Schüchternheit überwinden muß, oder seinen Ekel?
Bier fließt durch sie wie durch Leitungen. Bier strömt durch ihre Bäuche und rauscht in ihren Adern. Die Köpfe werden rot und pochen laut. Sie haben Bier in den Augen, in der Nase, im Mund.

Mike Pilarski sitzt wie ein kleiner König auf seinem Hocker an der Theke.
Es ist halb 12 nachts. Er sitzt hier seit 3 Uhr nachmittags, seit der großen Fußballkonferenz.
Seitdem lehnt auch Martin neben ihm und lacht über Mikes Schwänke: »... und dann, Martin, hab ich gesagt:

›Jetzt geh ich mit Schwimmflossen und Tauchermaske bei Kuckartz rein‹, und dann bin ich ganz cool mit Schwimmflossen und Tauchermaske bei Kuckartz rein ...«
Niemandem fällt auf, daß ich heute abend beinah wie Mink de Ville aussehe, aus purem Willen und Sehnsucht. Ich möchte ihm ähneln, damit er hier ist. Durch den einfach funktionierenden Trick der Imitation hole ich Menschen, die ich mag, zu mir und halte sie fest so.
Mit Filzstift habe ich mir eine Rose auf den Arm tätowiert, die niemand sieht, weil meine Jacke lange Ärmel hat. Es ist eine Künstlerjacke; sie hat Wildlederverstärkung an den Ellbögen.
Aus dem Spiegel auf der Toilette sieht mir ein ausgewachsener Gierkopf entgegen.

Achim steht am Plattenspieler, um das Schlimmste verhindern zu können, aber sie zwingen ihn.
Tja, es ist nirgends zu überhören, daß die neue Platte von »Ideal« raus ist. Nie wird jemand so unbeirrt unsere Platte spielen, in so sturer Gewißheit, das Richtige aufgelegt zu haben.
Wir müssen noch vier Stücke für sie schreiben.
Das klingt einfach. Aber das wird nicht geschehen, vielleicht. Vielleicht wird niemand sie schreiben. Aber niemand ist schuld daran.
Ich habe es versucht, als kein anderer Anstalten dazu machte. Aber Kurt hat mich ausgelacht, als ich ihm die neuen Stücke vorgespielt habe. Er hat recht. Wenn ich alleine bin, klingen die Stücke gut, aber sobald ich sie vorspiele, merke ich, daß sie in Wirklichkeit nichts sind.
Nur weil Kinder manchmal den großen Indianerhäuptling spielen, sind sie in Wirklichkeit noch lange keiner.
Heute abend hab ich mir die Lippen rot geschminkt.
Ich wollte das auch mal tun, mach ich sonst nie.
Achim hat gespuckt, als er von meiner rot beschmierten Flasche trank. Da hab ich es abgewischt.
Wenn ich die Lippen zusammenbeiße, werden sie auch so rot.

Zwischen Martin und Mike dreht sich immer noch alles um Fußball und Saufgeschichten.
Ist Fußball wirklich so fesselnd? Dann wünschte ich, ich würde doch was davon verstehen.
Die anderen Jungs von »Alte Socke« waren aufgedreht wie Äffchen, die zwei Becken gegeneinanderschlagen und dabei vorwärtshüpfen. Sie flickerten und flackerten und lachten. Sie redeten darüber, wie sie demnächst mit ein paar anderen trinkfesten Jungen zusammen wieder zu ihrem traditionellen holländischen Badeort fahren wollten.
Dieser Ort ist Kalles geographisches Schnitzel. Er war schon 10mal da. Kalle packt vorher immer den Kofferraum voll Hannen Alt, weil er weiß, da gibt es keins, wo er hinfährt. Das fremde Bier da will er nicht trinken. Kalle hat solche Angst vor Neuem. Alles, was nicht Schnitzel oder Hannen Alt ist, macht ihn sehr mißtrauisch. Die Jungen schwelgten in den alten Urlaubsgeschichten. Wie sie einmal vom Zeltplatz geschmissen worden sind. Wie der Ossi mit der Karnevals-Ritterrüstung in die Disco gegangen ist. Wie die da alle guckten.
Ich weiß das. Mir ist das nicht neu.
Na gut, aber manchen Neulingen der »Saftladen«-Szene anscheinend doch.
Die hörten auch alle begeistert zu, als Kalle erzählte: »... und weißt du noch, Kurt, als wir einmal mit dem Arsch Zigaretten geraucht haben? Ich hab' noch Fotos davon. Und wie wir den Pimmel auf die Theke gelegt haben? Und letzten Karneval. Da hinten standen zwei Mädchen, und die eine wird auf einmal ganz rot, denn da hatten wir einfach so cool unsere Pimmel aus der Hose hängen...« Man merkte: Kalle war nah dran, schon wieder seinen Pimmel auszupacken.
Sein Gesicht war rosig und schwärmerisch.
»Ja!« sagte Ossi, »und wie wir da gesoffen haben? Die Bierflaschen standen in einer Reihe bis zum Klo und zurück. Und aus Kochtöpfen! Alt, Pils, Bacardi rein, und alles aus dem Topf gesoffen!«

Ihre Augen glänzten. Ich schaute Kalle an, und er lächelte zurück. Er muß sehr besoffen gewesen sein.
Über ihm an der Wand hing der Fairneß-Preis für »Alte Socke«, schon ganz verbeult von den groben Späßen, die sie damit getrieben hatten, wie sollte es auch anders sein? Sie sind ein grober Haufen. Wenn ich einen Fairneß-Teller verliehen bekommen hätte, würde ich nicht mit ihm in der Gegend rumschmeißen vor lauter Humor.
Wahrscheinlich wissen sie unbewußt, daß sie ihn nicht verdient haben. Sie treten doch immer so.

Um Mike Pilarski hatte sich inzwischen ein großer Kreis Jungen versammelt; es gibt schon mal diese Abende, wo sich jeder für einen zu interessieren scheint. Vielleicht war Mike verliebt, dann hat man manchmal diese Ausstrahlung beseelter Offenheit. Die Jungs hatten jedenfalls Spaß.
Es tat mir mehr und mehr leid, daß Mike mich nicht leiden mag. So konnte ich mich nicht gut zu ihm hinstellen. Da könnte man ja dran fühlen. Früher war es mir nicht aufgefallen, wie viele nette Jungen er in seinem Bekanntenkreis hat, die ich durch eine Kumpelschaft mit ihm auch kennenlernen könnte.
Ich hab gar keinen richtigen Bekanntenkreis.
Ich hab nur Hugo als Kreis um mich. Aber wer würde Hugo nicht als Kreis haben können? Hier ist eher das Wieder-Loswerden das Problem.
»Mädchen«, sabberte Hugo und legte seinen wackligen Arm um meine Schultern. »Junge Frauen sind für mich tabu. Niemals würde ich eine verführen!«
»Das glaube ich, Hugo«, sagte ich.
»Und weißt du warum?« fuhr er fort. »Ich könnte ihr Vater sein!«
»Das glaube ich nicht«, sagte ich. »Aber ich muß mal nach da hinten ...«
Er hielt mich einfach fest.
»Mädchen, ich sag dir eins: Wenn ich so alt wäre wie du, ich wär' nicht dumm. Verstehst du? Ich würde mir jeden

Abend 100 Mark verdienen. Beim Spazierengehen, weißt du, was ich meine?«
Ich stellte mir Hugo vor, wie er mit 22 als Mädchen in einem kurzen Röckchen durch die Antoniusstraße in Aachen spaziert.
Hugo stellt sich das nicht richtig vor, wie das ist, ein Mädchen zu sein. Er stellt sich vor, es müßte toll sein, mit Männern wie ihm zu schlafen und dafür auch noch bezahlt zu werden. Er ist fast neidisch auf die Frauen, die für Geld mit ihm schlafen dürfen.

Von drüben her hörte ich Mike seinem Kreis gegenüber für seine Idee werben, die Band »Zoff« in den »Saftladen« zu holen. Keine gute Idee, fand ich, aber die andern waren begeistert.
»Vielleicht«, überlegte ich, während ich Hugo nicht zuhörte, »vielleicht sollte ich so tun, als wüßte ich nicht, daß Mike mich nicht leiden kann, und mich einfach dazustellen und so tun, als fände ich ›Zoff‹ auch toll. Ich könnte so tun, als würde ich einfach dazugehören, wie alle, wie Lupo, Kalle, Ossi und Kurt. Habe ich nicht dasselbe Recht, mit Jungen zu reden, wie Jungen? Mich groß zu tun und totzulachen wie sie? Aber nein. Es ist nicht dasselbe. Warum ist das nicht so?«
Wenn die Jungen im »Saftladen« knülle sind, werden sie immer ein bißchen schwul und zärtlich miteinander und grölen ein bißchen herum. Sie machen zum Spaß schwule Fickbewegungen aufeinander, wie Kühe auf der Wiese. Springen auf den andern und sind absichtlich klobig und poltrig dabei, wie es sich für heterosexuelle Jungen gehört. Wie die Fußballpräsidenten es jetzt den Spielern verbieten wollen.
Selbst wenn ich mitmachen wollte, es ginge nicht. Ich habe zwei Brüste. Sie würden denken: Moment mal! Sie ist doch ein Mädchen! Sie ist verknallt! Oder geil? Aber sie hat doch Kurt! Die Schlampe.
Wie viele Biere müssen leergemacht werden, bis hier ein Junge zu tanzen anfängt. Aber jetzt tanzen sie. Plump und selig.

Wieviel Bier muß ein Mädchen getrunken haben, bis sie hier auf einen Jungen zugeht? Sich über alles hinwegsetzt und das tut?
Aber heute ist nicht der richtige Abend dafür.
Ich sehe, daß Martin heute mit seinen Kameraden feiern will und glücklich ist, in dieser Mannschaft akzeptiert zu sein.
Ich glaube, ich würde nur stören.

Viele aufgedunsene Bierleichen trieben mittlerweile in dem brühig grauen Suppenlicht des »Saftladens«.
»Weißt du noch«, wird Kalle noch Jahre später von diesem Abend schwärmen, »wie wir dann noch die alte ›Nowhere Men‹-Kassette gehört haben, und alles war am dancen?« Und es wird keine Lüge sein.
Sie haben dann wirklich schon wieder die »Nowhere Men«-Kassette gehört – die einzig wahre Privatband der »Saftladen«-Jungen, unsere »Nowhere Men«, die den Plattenvertrag der »Schweine« viel eher verdient gehabt hätten. Die guten alten »Nowhere Men«! Deren Sänger ungehemmt und männlich über die Bühne fetzte und Stimmung machte.
Kalle zu mir: »Ich wußte gar nicht, daß wir damals so schnell waren! Wir waren viel schneller als die ›Schweine‹!«
Das sind immer Kriterien.
Dann fiel mir auch noch der dicke Lupo auf den Fuß, weil er mit seinem ebenfalls dicken Bruder am Rölzen war. Das Rölzen war als Spaß und Show für alle gemeint. Alle guckten zu und feuerten sie an. Die beiseite gelassenen Mädchen kniffen ironisch ihre Mundwinkel zu einem mütterlich-nachsichtigen Lächeln. Lupo und sein Bruder sahen aus wie diese dicken japanischen Männer mit den Unterhosen. Wie eine römische Roß-Schlacht.
Wenn die Jungs hier besoffen sind, wird es so offensichtlich, daß sie der sein wollen, von dem man nachher erzählt. Der verrückte Kalle. Der breite Ossi. Der coole Mike.

Der Storys verursacht, die zur »Saftladen«-Legende werden. Storys vom Saufen, Storys vom Pimmel. Ist das eigentlich schlimm? Eher nein, es ist nur so ... so ...
Ich weiß nicht. Jungen, wenn sie mit anderen Jungen zusammen sind, sind eine fremde, grobe Welt.
Es ist eine primitive Hierarchie, über die ich nicht gern nachdenke.
In dieser Hierarchie liegt jemand wie ich unten, wie Dung, wie Erde. Ich zähle hier nicht. In den Köpfen bin ich nicht vorhanden.
Es muß ein komischer Trip sein, auf die Anerkennung der »Saftladen«-Jungen aus zu sein und sein Selbstbewußtsein von ihr abhängig zu machen. Wenn ich versuche, gerecht zu sein, muß ich sagen, daß es die »Saftladen«-Jungen so wahrscheinlich nicht gibt. Jeder für sich ist wahrscheinlich etwas anderes.
Aber als Club verbohren sie sich so engstirnig in ihr »Saftladen«-Tum, als hinge sehr viel für sie davon ab, eine Welt außerhalb dessen nicht gelten zu lassen. Sie sind so verstrickt darin, daß sie mit dem »Saftladen« würden untergehen wollen wie ein Captain mit seinem Schiff, wie Ahab mit dem Wal. Und stolz darauf wären. Sie wären wie knorrige Legenden aus einem amerikanischen Western. Wie tapfere Wikinger des Saufens. Trinken ist für sie Heldentum. Es fügt ihren Körpern Narben zu wie eine Schlacht.
Ich weiß nicht genau, ich könnte nicht sagen, worum es im Leben geht. Warum man lebt.
Aber es könnte mir nicht genügen, mich jeden Abend mit Bier abzufüllen und alte Geschichten aufzuwärmen, wenn meine Seele Durst und Hunger hat.
Das ist vielleicht gut für Hugo, aber der ist doch auch schon wirklich ein alter Mann.
Ich würde Martin wirklich gern ein abenteuerliches Leben leben sehen.
Martin lächelte zu mir herüber.
Ein bißchen entschuldigend, weil er nicht zu mir hinkam und lieber den Spaß mit den Jungen heute abend genoß.
Aber das ist in Ordnung. Ich merkte schon selbst, daß es

besser war, den Abend einfach so laufen zu lassen. Wir würden ein andermal weiterreden.

*

Die Blätter der Bäume flirren im Wind und in der Sonne. Die Felder sind schon kahl, und die Bauern pressen das Stroh jetzt zu Rädern. Ich bin mal gespannt, wie sie das verladen wollen.
Ein wilder, stiller, heißer Tag ist heute.
Achim liegt auf dem Rasen und singt Tims Lied: »Wie lange noch? Ich warte immer noch!«
Er will, daß ihm was zum Schreiben einfällt, für seinen ersten Roman. Er ißt zu viele Birnen. Das ist nicht gut. Sie sind noch nicht richtig reif.
Als ich heute zum Geburtstag die neue Schreibmaschine bekam, haben Achim und ich ein Blatt darin eingespannt und unsere Wünsche für das Leben eingetippt.
Die dürfen wir niemandem verraten, das ist die Bedingung Nr. 1.
Bedingung Nr. 2: das Blatt verbrennen mit einem Streichholz auf der Terrasse. Das ist die korrekte Beschwörung des Orakels.
Achim hat sich das ausgedacht.
Dann ging ich zum Klo, sah in den Spiegel und flüsterte die Namen der Jungen, für die ich was fühle, und küßte den Spiegel.
Es ist erst Mittag, doch ich habe schon eine Radtour hinter mir. Wie immer, wenn ich verreisen will, und es geht nicht. Spazieren und wieder zurück.
Durch Holland. Nicht durch ganz Holland. Nur durch zwei Orte.
Sie waren voll schöner Häuser, fand ich. Ich dachte: »Diese schönen Häuser. Ich will sie. Aber nicht ›haben‹. Anders. Unklar. Ich weiß nicht, wie.«
So geht es mir mit vielem. Das geht schief, vielleicht. Schief, oder gerade. Gleich gültig.
Wenn man alle Kilometer, die ich in der letzten Woche

mit dem Rad gefahren bin, zusammenrechnen würde, käme man dann vielleicht bis nach Düsseldorf?
»Dann zieh doch hin!« sagt Kurt dazu, beleidigt. Aber darum geht es nicht.
Es geht nicht um Plattenfirmen, Peter, Mecki. Es geht nicht um Düsseldorf. Nicht um Merkstein. Auch nicht um Martin. Oder mich. Es wäre mir sogar lieber, es gäbe das alles nicht.
Nicht so.
Eigentlich möchte ich nur so bleiben, hier im Gras. Unter Bäumen. Doch ich müßte Angst haben, daß ich sterbe. Weil ich so kein Geld verdienen würde. Aber man stirbt auch, wenn man Geld verdient.
Die Adler würden mir die Leber aus dem Bauch picken.
Nichts gegen Adler.
Nichts gegen Leber.
Aber Leben?
»Was ist damit?« – »Was soll damit sein?«
Wo ich heute unter anderem mit dem Fahrrad war, das ist der westlichste Teil von Deutschland, der Selfkant. Flach, voller Felder. Es gibt da ein Tiergehege mit Löwen, genannt die »Löwen-Safari«. Auf dieser Safari hat einmal ein Indianerhäuptling gearbeitet. Sie haben in der Zeitung über ihn berichtet. Er wollte zurück zu seinem Stamm in Amerika, wenn er genug Geld verdient hätte. Doch jetzt ist er tot.
Er ist von einem Auto überfahren worden.

Silvia Szymanski
Kein Sex mit Mike
Erotische Geschichten. 190 Seiten. SP 3269

Über das Sexualleben der Großstädter wissen wir bestens Bescheid: In Berlin, New York oder Paris geht die Post ab – Stoff für jede Menge prickelnder Romane. Doch wie ist es um den erotischen Alltag in der deutschen Provinz bestellt? Silvia Szymanski ist eine ausgewiesene Spezialistin der unerschrockenen Provinzerkundung. Und sie erzählt in ihren hocherotischen Geschichten von Moumou und ihrer Freundin, die eine Schwäche für dicke, faule und unanständige Männer wie Mike haben, aber auch von pubertären Initiationsriten, erregten Tennislehrern und vom Motel Geilenkirchen. Ihre scharf beobachteten Schilderungen haben einen Sinn fürs Tragikomische und sind gewürzt mit einem naiven und manchmal derben, schlagfertigen und eigenwilligen Ton.

Agnes Sobierajski
Roman. 240 Seiten. SP 3403

Jimmi, Abdul, Mike und Tanja, Anastasia, Gudrun und Sarah – die Kamikazejobs, die Agnes sich über eine Babysitteragentur vermitteln läßt, führen sie von einem skurrilen Kind zum nächsten. Trotz trister Aussichten und schlechtem Spielzeug übt Agnes sich darin, das Fürchten zu verlernen und die Welt nicht allzu ernst zu nehmen. Mit Staunen registriert sie alles, was um sie herum geschieht. Da fällt ihr Blick auf den sanft aussehenden Mustafa, in den sie sich Hals über Kopf verliebt. Mit ihm erlebt sie eine wunderbare Gegenwelt voller Nähe und Leidenschaft. Doch Mustafa bleibt undurchsichtig: Immer wieder verschwindet er, ohne sich bei Agnes zu melden, und gerät schließlich in ernsthafte Gefahr. Authentisch, direkt und einfühlsam zugleich beschreibt Silvia Szymanski die schräge Welt einer jungen Frau, erzählt von Ängsten und Unsicherheiten, aber auch vom Glück der Lust.

SERIE PIPER

Elizabeth Wurtzel

Der Schlampen-Knigge

Aus dem Amerikanischen von Klaus Timmermann und Ulrike Wasel.
176 Seiten. SP 3437

»Jeder Mensch gilt in dieser Welt nur so viel, als wozu er sich macht«, schrieb schon Freiherr von Knigge vor über zweihundert Jahren. Das hat bis heute nichts an Aktualität verloren. Nun folgt endlich der von Frauenhand verfaßte Knigge für freche Frauen, eilige Mütter und Busineß-Ladies: Nicht den Abwasch nach der Dinnerparty machen – warten, bis die Männer helfen! Genießen Sie die Jahre als Single! Folgen Sie Ihren Sehnsüchten, und verzichten Sie nie auf das Dessert! Elizabeth Wurtzel erzählt vom richtigen Umgang mit sich selbst und anderen, und sie macht Lust darauf, den eigenen Kopf zu benutzen. Ein solider Ratgeber für die großen und kleinen Fragen im Leben unsolider Frauen.

Sybille Schrödter

Endlich der Märchenprinz und andere Katastrophen

13 böse Geschichten. 191 Seiten. SP 3435

Welche Frau träumt nicht von ihm? Dem Ritter auf dem weißen Pferd, dem Traummann, dem ultimativen Mr. Right? Aber wollen wir ihn auch wirklich haben, wenn er dann kommt? Und wenn nicht, wie werden wir ihn wieder los? Probleme über Probleme. Da ist zum Beispiel Constanze, die ihren wunderschönen Juan, dessen Liebesfähigkeit auf den zweiten Blick dramatisch nachgelassen hat, unbedingt entsorgen möchte. Aber wo? Oder Irmela, der ein esoterischer Beziehungsguru eingeredet hat, daß das Universum für jede Frau einen Seelenpartner bereithält. Schließlich rückt sie dem armen Kerl, den sie für den ihren hält, gnadenlos auf die Pelle ... In dreizehn bittersüßen Geschichten läßt Sybille Schrödter ihre Heldinnen böse Irrungen und Wirrungen erleben und garantiert dabei nicht immer ein Happy-End, aber jede Menge Schadenfreude ...

**Ellen Fein,
Sherrie Schneider**

*Die Kunst, den Mann
fürs Leben zu finden*
»The Rules«. *Aus dem
Amerikanischen von Renata Platt.
176 Seiten. SP 2461*

Wie angle ich mir meinen Märchenprinzen? Dieses Buch verrät Ihnen große und kleine Tricks, die bei der Eroberung Ihres Herzblatts (fast) immer ins Schwarze treffen.

»Vierunddreißig Regeln für den Männerfang legen Ellen Fein und Sherrie Schneider heiratswilligen Frauen ans klopfende Herz. Männer sind Jäger, wissen sie, und begehren stolzes Wild. Daher hat eine Frau freitags Einladungen für den Samstag abzulehnen. Kurzfristige Zusagen lassen sie als leichte, langweilige Beute erscheinen und den Mann fürchten, daß sie nur darauf warte, sich und ihr Elend ihm an den Hals zu werfen. Das trifft zwar zu, sie verschweigt es aber und spielt in heiratstaktischem Feminismus die Selbständige – nicht um ihrer Autonomie willen, sondern weil den Männern nur die Frauen keine Ruhe lassen, die sie in Ruhe lassen.«
FAZ–Magazin

*Die neue Kunst, den
Mann fürs Leben zu
finden*
»The Rules II«. *Aus dem
Amerikanischen von Ursula
Buntspecht. 232 Seiten. SP 2702*

Auf in die zweite Runde! Nach dem Sensationserfolg ihres Buches »Die Kunst, den Mann fürs Leben zu finden« bieten Ellen Fein und Sherrie Schneider einen neuen Katalog mit Tips und tieferen Einsichten, damit auch Sie ihn endlich bekommen: den Mann fürs Leben. Jede Menge Singles laufen heutzutage herum, es wäre doch gelacht, wenn da nicht einer für Sie dabei ist. Nur müssen Sie es richtig machen. Wie hole ich meinen langjährigen besten Freund vor den Traualtar? Wie bekomme ich meinen Ex zurück? Was mache ich aus der Büroaffäre? Was, wenn er geschieden ist und Kinder hat? Was, wenn er reich ist und mich zu einem luxuriösen Wochenende einlädt? Unverblümt und offen stehen Ellen Fein und Sherrie Schneider mit Rat und Tat zur Seite.

SERIE PIPER

SERIE PIPER

Gute-Nacht-Geschichten für Männer, die nicht einschlafen wollen
Herausgegeben von Ingrid Kahl.
143 Seiten. SP 2651

Es gibt eine Alternative zu den zwei üblichen Tätigkeiten im Bett – und ihr ist dieses Buch gewidmet: Frau kann dem Manne an ihrer Seite auch etwas vorlesen. Zum Beispiel eine der Geschichten dieses Bandes, für den sechzehn Autorinnen sechzehn Erzählungen und einen Abzählreim beigesteuert haben. So gibt es kein schlafloses Herumwälzen mehr, das den eigenen Schlaf kostet. Und selbst das männliche Sägewerk kann zur Ruhe gebracht werden. Einfach vorlesen! Und daß die Geschichten nicht vom Liebesleben der Flußkiesel erzählen, sondern hineingreifen ins volle Liebesleben von Mann und Frau, versteht sich bei diesen Betthupferln von allein. Hier wird geliebt und gelitten, gestritten und Versöhnung gefeiert, daß es eine wahre Freude ist. Und alle Geschichten dienen ausschließlich dem einen guten Zweck: Vergnügen zu bereiten.

Warum heiraten?
Ein Lesebuch rund um die Ehe.
Herausgegeben von Regula Venske. 192 Seiten. SP 2747

Heute wird in Großstädten jede zweite Ehe geschieden. Trotzdem wird weiter sich hingegeben, gehochzeitet und die Zugewinngemeinschaft zelebriert. Warum nur? Wozu die Quälerei? Oder ist an der eingetragenen Lebensgemeinschaft nicht doch etwas dran? Die größten Experten sind vermutlich die Heiratsschwindler, die größten Skeptiker Singles. Regula Venske hat mehr als dreißig Autorinnen und Autoren eine Meinung zu diesem Thema entlockt. Ein buntschillerndes Kaleidoskop ist entstanden, das allen Zögerlichen und Heiratsscheuen, aber auch Enthusiasten zeigt, daß übers Heiraten noch längst nicht alles gesagt ist. Denn schon allein die Frage »Warum heiraten?« wirft eine Gegenfrage auf: »Warum nicht?«

Gaby Hauptmann
Mehr davon
Vom Leben und der Lust am Leben.
180 Seiten. Geb.
Mit über 100 Farbfotos.

Die attraktive und erfolgsverwöhnte Bestsellerautorin, die mit ihren Büchern Frauen auf der ganzen Welt begeistert, der hinreißende blonde Vamp, der die Männer nur so um den Finger wickelt ... Von wegen: Auch Gaby Hauptmanns Alltag ist nicht immer rosarot, auch ihr fliegt nicht alles einfach nur zu. Sie hat gelernt, mit Traumprinzen und Fröschen umzugehen. Und sie kennt ihre ganz persönlichen kleinen Tricks und Wohlfühltips, die garantiert immer helfen – auch dann, wenn es das Leben einmal nicht so gut mit einem meint.
Natürlich und mit sympathischer Offenheit schreibt Gaby Hauptmann über ihre Familie, die sie geprägt hat, über ihre Erfahrungen als alleinerziehende Mutter und über die Männer, die ihr wirklich wichtig sind. Sie ermutigt, die täglichen Ziele nicht allzu hoch zu stecken und sich auch an kleinen Dingen freuen zu können.
Und sich selbst öfter zu belohnen: von den Streicheleinheiten zu zweit über das gemütliche Essen mit Freunden bis hin zum spontanen Glas Sekt – einfach so, aus purer Lust am Leben.

KABEL

SERIE PIPER

Gaby Hauptmann

Suche impotenten Mann fürs Leben
Roman. 315 Seiten. SP 2152

Wer seinen Augen nicht traut, hat richtig gelesen: Carmen Legg meint wörtlich, was sie in ihrer Annonce schreibt. Sie sucht den Traummann zum Kuscheln und Lieben – der (nicht nur) im Bett seine Hände da läßt, wo sie hingehören. Die Anzeige entpuppt sich als Knüller, und als sie schließlich in einem ihrer Bewerber tatsächlich den Mann ihres Lebens entdeckt, wünscht sie, das mit der Impotenz wäre wie mit einem Schnupfen, der von alleine vergeht.

Gaby Hauptmann ist das Kunststück gelungen, das Thema »Frau sucht Mann« von einer gänzlich anderen Seite aufzuziehen und daraus eine fetzige und frivole Frauenkomödie zu machen, die kinoreif ist.

»Mit Charme und Sprachwitz wird der Kampf der Geschlechter in eine sinnliche Komödie verwandelt.«
Schweizer Illustrierte

»Haben Sie Lust auf eine fetzige und frivole Frauenkomödie? Auf das Thema ›Frau sucht Mann‹ in einer ganz neuen Variante? Dann haben wir was Passendes. ›Suche impotenten Mann fürs Leben‹ von Gaby Hauptmann.
Attraktive, erfolgreiche 35erin sucht Mann für schöne Stunden, Unternehmungen, Kameradschaft. Bedingung: Intelligenz und Impotenz.
Diese Anzeige stammt von Carmen Legg, schlau, attraktiv, selbständig. Eigentlich hat sie eine Schwäche für Männer, nur von einer Sorte hat sie die Nase voll: von den Typen, denen der Verstand zwischen den Beinen baumelt, die immer wollen – und zwar das eine. Da gibt's nur einen Ausweg: der impotente Mann für's Leben muß her. Zusammen mit ihrer 80jährigen Nachbarin Elvira prüft Carmen eingehend die Antwort-Briefe auf ihre Chiffre-Anzeige. Einer macht auch tatsächlich das Rennen. Wer, wird nicht verraten... höchstes Lesevergnügen.«
Radio Bremen

Gaby Hauptmann

Nur ein toter Mann ist ein guter Mann
Roman. 302 Seiten. SP 2246

Ursula hat soeben ihren despotischen Mann beerdigt. Doch obwohl sich der Sargdeckel über ihm geschlossen hat, läßt er sie nicht los. Während sie sich von der ungeliebten Vergangenheit trennen will, fühlt sie sich weiter von ihm beherrscht. Sie wirft seine Wohnungseinrichtung hinaus, will seinen Flügel und seine heiß geliebte Yacht verkaufen, übernimmt die Leitung der Firma. Er schlägt zurück: Männer, die ihr zu nahe kommen, finden ein jähes Ende – durch ihre Hand, durch Unglücksfälle, durch Selbstmord. Erst als Ursula langsam hinter das Geheimnis ihres Mannes kommt, gewinnt sie die Macht über sich selbst zurück. Und als sie dabei eine Ex-Freundin ihres Mannes kennenlernt, öffnet sich ein völlig neuer Weg für sie – doch dann stellt sich die große Frage: Woran ist ihr Mann eigentlich gestorben
Gaby Hauptmann hat eine listige, rabenschwarze Kriminalkomödie geschrieben.

Die Lüge im Bett
Roman. 315 Seiten. SP 2539

Für Nina ist Brasilien ein Geschenk des Himmels: Es wird Zeit, Sven loszuwerden. Doch in Rio kommt es nicht nur zu turbulenten Ereignissen während der Dreharbeiten ihres Fernsehsenders, sondern ernsthaft neue Perspektiven in Sachen Liebe tun sich auf: Hals über Kopf verliebt sich Nina in den smarten Nic. Ihr Puls klopft, ihr Herz rast – nur Nic scheint es nicht zu merken... Mit hinreißend leichter Hand und sprühendem Witz schickt Gaby Hauptmann ihre hellwache und erfrischend durchtriebene Heldin Nina in einen scheinbar undurchdringlichen Dschungel der Gefühle.

Die Meute der Erben
Roman. 318 Seiten. SP 2933

Mit frechem Witz und unnachahmlicher Hinterhältigkeit lockt die Bestsellerautorin Gaby Hauptmann in den Dschungel des großen Geldes.